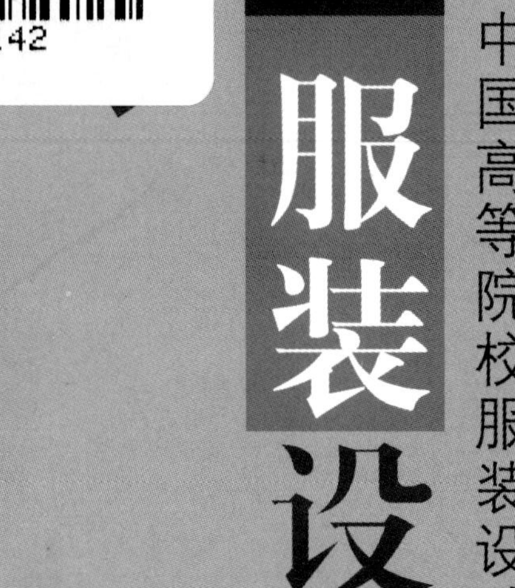

中国高等院校服装设计专业教材

服装设计概论

A SERIES OF DRESS DESIGN

余强 编著

国家一级出版社
全国百佳图书出版单位
西南师范大学出版社
XINAN SHIFAN DAXUE CHUBANSHE

图书在版编目(CIP)数据

服装设计概论/余强编著.-重庆：西南师范大学出版社，2008.7（2016.7重印）

中国高等院校服装设计专业教材

ISBN 978-7-5621-2517-4

Ⅰ.服... Ⅱ.余... Ⅲ.服饰-设计-概论-高等学校-教材

Ⅳ.TS941.2

中国版本图书馆CIP数据核字（2008)第081755号

中国高等院校服装设计专业教材

服装设计概论

编著者：余强

责任编辑：王正端　胡秀英

整体设计：向海涛　王正端

出版发行：西南师范大学出版社

经　　销：新华书店

制　　版：重庆海阔特数码分色彩印有限公司

印　　刷：重庆蜀之星包装彩印有限责任公司

开　　本：889×1194　1/16

印　　张：7

字　　数：224千字

版　　次：2008年8月 第2版

印　　次：2016年7月 第5次印刷

ISBN 978-7-5621-2517-4

定　　价：42.00元

本书如有印装质量问题，请与我社读者服务部联系更换，读者服务部电话：(023)68252507。
市场营销部电话: (023)68868624 68253705

西南师范大学出版社正端美术工作室欢迎赐稿，出版教材及学术著作等。
正端美术工作室电话：(023)68254657(办)　13709418041　E-mail：xszdms@163.com

序　袁仄

耐人寻味的是，人类除了“食、色”之外，最熟悉的东西也许当数服装了，事实也是如此。几乎所有人自降世以来便被“衣”这种东西包裹，从此相伴终生。所以衣着行为是人类最普遍的行为，乃至衣裳也平凡得让人忽视，甚至轻视。

大约20年前，当改革开放的高校刚刚要开设服装专业时，竟令某些人大惊失色。有人不无轻蔑地认为：“小裁缝岂能登大学讲堂！”其实谬也。

服装，倒是颇有资格将自身视为一门学科，一门边缘学科。它涉及面甚广，包含有材料、结构、工艺、设计、色彩、图案、构成、美学、史学、人类学、社会学、心理学，还有服装CAD、营销、CI、展示等等，有时很难将其归为艺科还是工科。毋庸置疑，服装作为人类生产、生活本身的实践已存在了几千年，只不过对其理论的探究，则是较晚才开始的。

最早讨论服装理论的是哲学家、人类学家和美学家，他们关注的是人为什么穿衣，也就是服装的起源和功能。黑格尔（Hegel）在他那部三卷《美学》里提到：“时髦样式的存在理由就在于它对有时间性的东西有权利把它不断地革旧翻新。”诚然，这说得十分哲理，他又说：“除掉艺术的目的以外，服装的存在理由一方面在于防风御雨的需要，大自然给予动物皮革羽毛而没有以之予人；另一方面是羞耻感迫使人用服装把身体遮盖起来。”不过，他的德国同胞，人类学家格罗塞（E·Grosse）认为：“……所以遮羞的衣服之起源不能归之于羞耻的感情，而羞耻感的起源倒可以说是穿衣服的这个习惯的结果。”这是他在《艺术的起源》中的精彩议论。以后，像弗吕格尔（J·C·Flugel）、拉弗（J·Laver）等学者都在服装的心理、美学等理论的深层层面作出了卓越的成效。

服装设计教育的逐步完善是在第二次世界大战以后。现代设计教学晚于设计本身也是十分正常的。因为工业设计的教育仅仅始于上一世纪20年代的德国包豪斯。可以作为工业设计范畴的现代服装设计也是从这一体系里派生出来的。人们从服装的板型、裁剪工艺逐步上升到对设计的理念、史论的研究与现代营销手段的研究；从纤维材料到服装销售、从流行趋势把握到衣着行为研究，这是个教学体系，也是一项系统工程。

中国的服装教育是在困难中、在某些偏见中探索成长的，并已经取得了一些的成果。我们有艺科的模式，也有工科的模式，这与发达国家的服装教育类似。但我们尚未建立我们中国特色的模式或各院校的特色模式，这正是我们编撰该丛书的宗旨之一。

本套丛书聘请了国内诸多服装院校的教授参与编著，其内容涵盖了服装教学的诸多方面。当然，我们不奢望成就一座大厦，但愿意为之添砖加瓦。

编委

■前 言

只有世界一流的服装设计与经营人才才能产生世界一流的服装品牌，只有在文化内涵上有自己的特色，我们的服装设计才具有国际竞争力。

改革开放30年来，我国的服装工业，随着国民经济的持续发展而逐渐壮大，正从粗放型向集约型、知识密集型发展，从量的扩张向质的优化转变，通过设计在社会中不断演绎出新的面貌。但整体地看，发展是不平衡的，一方面服装的生产已成为国民经济的一个重要产业，其产量、出口和消费均居世界第一位；另一方面中国的服装尚没有形成真正的世界著名品牌，尤其是女装品牌，其成衣市场初具规模，但离形成高级成衣的生产体系还有较远的距离。这说明我国纺织服装市场虽然发展迅速，但仍是比较低水平的竞争，科技文化方面的含量不高，品牌意识不强。中国市场经济体制的建立，已为设计师们提供了更多创造发展的空间，国内各种大赛评出的著名服装设计师也越来越多，由于各种原因，在市场上却没有被消费者认同的著名品牌。一些服装企业虽在国内创立了知名品牌，但背后却没有名副其实的著名设计师。分析起来，原因是多方面的，其中最主要的原因是国产纺织面料还不能完全达到出口服装的要求，服装设计还没有达到国际先进水平，我们的服装企业对设计和品牌形象的作用认识不足。然而，面对科技的进步和经济全球化趋势，品牌的竞争将会更加激烈，而支撑各种品牌获胜的内在因素无疑是设计的不断创新。

对世界著名的服装品牌来说，其营造的高附加值主要是包含在服装产品中的设计文化，即在物质之内的精神内容。服装是不同于一般工业产品的流行商品，因其直接包装人体而使形象性更加明确。主持服装设计工作的设计师不仅仅要对产品本身的设计负责，而且他们所演绎的生活方式、推崇的穿衣哲学、表达的时尚精神和视觉美学等都是以设计产品的文化形象为宗旨的，也是企业整体形象的一部分，是服装能否有“名”的重要因素。今天，在欧美国家，许多著名品牌的背后都有设计师在支撑，一些品牌甚至完全是因为拥有某位天才设计师而知名。如迪奥、夏奈尔、伊夫·圣·洛朗、皮尔·卡丹等著名时装设计师本身就是品牌的化身。

中国进入WTO后，服装设计将成为世界市场的一个重要组成部分，服装业也会成为经济全球化的重要纽带，而且在服装国际化进程中最具时代性的要素便是服装设计。我国的设计师将继续与款式设计、内在品质、销售方式等主要因素均优于自己的世界著名品牌竞争。对服装企业而言，应该明白品牌价值的利润点和品牌的力量。

从另一个角度讲，艺术与流行时尚都是为了丰富人类心灵而存在。在重视个人精神活动的21世纪，消费者对服饰的审美取向更加强调精神追求和表现个性，其消费观念将逐步转变为讲流行、追时髦、求档次、显个性、情趣多样化、穿衣重科学等。市场需求表明，消费者重品牌更重设计师。因此，服装市场变化的同时对设计师提出的要求也只会越来越高。

随着高技术与高情感的相互促进，设计也将日益成为现代服装产业的灵魂。高技术不仅创造了全新的物质条件，也带来了人类生活方式的巨大改变。意大利设计学院副院长FEBRIZIO先生认为：无论是中国的设计师还是欧洲的设计师都必须从彼此的文化中汲取营养。他说，西方、欧洲从东方，特别是从中国提取了很多我们的文化、设计理念，然后加以西方的理解，形成了我们的设计风格。

随着全球信息化和经济全球化时代的到来，人们已经非常清楚地认识到，文化的本土化和多元化是人类共同持续发展的重要力量。同时，东西方各国各族的服饰文化自古至今永不停歇地在同化和异化的事实，让我们更加清楚地看到了21世纪时尚的未来走向。

中国2006年服装行业的分析报告指出：随着中国消费者消费能力的增加，在其进行服饰购买时已不再单纯考虑产品的基本功能，在达到一定经济收入的前提下为了满足工作需求（如商务活动）、心理需求（如羡慕尊重）、生活需求（如时尚装饰）以及社交需求（如品位交流）之时，选择购买更能够表现经济实力、自身品位的品牌产品则是必然。

国内服装市场将越做越大，市场分工将越来越细，但今后国内服装市场的消费趋势将集中在精品化和个性化上。多样化的消费群体，孕育各具特色的着装。中国设计师品牌的出路除了在品牌运营模式的探索上，还应该挖掘这样一个规律，那就是国际元素和民族元素的结合。面对时代赋予的新课题，服装设计师仍须不断地学习，不断地更新知识，去研究市场、开拓市场，构筑深入消费者心中的品牌文化。

设计创造经济效益，从一些国外品牌来看，已是不争的事实。我们相信在新的世纪里，中国的服装业一定会真正步入国际大循环。只有服装设计师在国际舞台上扮演更为重要的角色，并创造出著名的世界品牌，我国的服装业才能真正走向世界。

目录

第一章

设计的含义

第一节　设计的定义

一、设计的意义和本质

设计（Design）是一门古老而年轻的学科。

人类的设计活动和设计意识与人类的历史一样久远。自从人猿揖别，人以人的姿态开始制造工具时，设计已本质性地存在了。人们选择石料、打击成形，需要设计；服装、首饰以及各种生活用具、劳动工具、居住环境等一切人造物的产生都需要设计。哲学家认为，有目的的实践活动体现了人类的主体性和能动性的基本特征。设计作为人类有目的的一种实践活动，是人类改造自然的标志，也是人类自身进步和发展的标志。

19世纪尤其是20世纪以来，设计随着大机器工业产品的发展而具有了新的意义，成为一门现代学科，即工业设计。

工业设计产生的社会条件是批量生产的现代化工业和商品的市场竞争的存在。工业设计作为一种职业，大约始于1945年左右。工业设计的职业化使工业设计走上了现代设计之路，使工业设计成为现代设计的重要一员，形成了适应现代科学技术发展的设计职业特征。工业设计的职业化体现了工业设计的实践意义：

第一，设计决定产品的性能、价值和固有质量；

第二，设计具有刺激和引导消费的作用；

第三，设计具有教育作用。

设计以造物为对象，造物以设计为前提，两者是手段与目的、过程与结果的关系。因此，

图1-1　有服装界哲人之尊的日本时装设计师三宅一生的设计作品简洁有力，充满了强烈的设计意识。

图1-2 被誉为高级时装“金童子”的意大利时装设计大师瓦伦蒂诺，成为高贵、典雅、优质时装的代名词。

图1-3 作为在服装工艺方面自学成材的女装设计师，维斯特伍德的时装总是从历史的服装样式中得到设计的灵感。

设计便具备动词和名词两种存在方式和形态意义。从动词的意义上理解，"设计"是指人类对事物构想、研究的活动过程；从名词的意义上理解，"设计"是指人类对事物规划、构想、研究的结果或成果。可以说在这中间，创造性是设计的一个本质属性。作为一种创造性活动，它具有根本性的审美向度，是创造美、物化美的手段和过程，其功能的合目的性之美与形式之间存在着辩证的统一关系；从接受的角度讲，设计作为沟通造物者与用物者之间的桥梁，使服饰的造物成为有价值的、名副其实的美学对象。因此研究设计和认识设计就应包含"过程"和"结果"这两层含义：一是设计的过程，即设计的对象、设计的形成、发展的动态过程及其设计方法论等；二是设计的结果，即设计的性质，不同设计的区别及其与社会、经济、科学与文化的关系等。前者解决"怎样设计"(HOW)的问题，其中涉及诸如方法论、设计程序和创造性思维等问题；后者要解决"设计应该怎样"(WHY)的问题，即设计的社会、经济、科学和文化的价值判断等问题。

设计的实质从狭义上讲，是根据人的生理和心理的不同需要，确定其功能、结构、材料、工艺、生产和销售，结合产品形态、色彩、空间、体量、表面处理的审美规律，从社会的、经济的、市场的、环境的多种角度，构成物质生产领域的艺术因素，从而创造出既有使用价值又有审美价值的新型产品。它体现了科学与美学的有机统一，技术与艺术的有机渗透，行为与环境的相互协调。

从广义上讲，设计是一种创造性活动；设计是围绕目标问题的求解活动；设计是从客观现实向未来可能的富有想象力的跨越；设计是科学技术与艺术结合的产物；设计是多方案的决策活动；设计是为人类创造更合理的生存方式；设计是一种社会－文化活动。

在当代艺术设计学中，设计联系着人类的物质文明与精神文明的创造，联系着生活的质量和生活方式的变化，所涉及的范畴也日益广阔，从日用工业品到属于社会设计范畴的环境设计。它包括了人类衣、食、住、行、用的所有生活层面。因此，现代设计成为现代经济和市场活动的组成部分，不同的市场活动形成了不同的设计范围。服装设计，包括时装设计与成衣设计等几个方面，设计的主要任务常常表现为一种对形式(款式、色彩、面料)的建构。其研究和设计对象既包含了设计的主体——人、设计的对象——物，也包括了服装品牌或设计师自身的风格等设计思想与设计语言的表达。

设计能为人类创造一个美好的世界，更代表着一个理想的未来世界。因此，设计不仅是对产品和环境的设计，也是对人类生存方式、生活方式的设计，从本质上讲，也是一种生产力。

二、设计的创造性思维

艺术设计是科学和艺术相统一的产物。在思维的层次上，设计思维必然包含了科学思维与艺术思维这两种思维的特点，是这两种思维方式整合的结果。所谓科学思维，也就是逻辑思维，它是一种锁链式的、环环相扣递进式的思维方式。而艺术思维则是以形象思维为主要特征，包括灵感思维(或直觉)。灵感思维是非连续性、跳跃性、跨越性的思维。在设计思维研究中，我们将灵感思维和形象思维合称为艺术思维，以此区别于科学思维。

一般心理学把人的思维类型分为艺术家型和思想家型，实际上就是指艺术思维与科学思维两种类型。艺术家型善于形象思维，思想家型善于抽象思维(即逻辑思维)。设计师的工作恰恰需要两种思维相互协调才能完成，因为设计师的成果是一件具体感性的产品，不是抽象的公式或原理，这是形象思维的特点。同时，设计又必须考虑产品的功能，产品的制作条件、成本、市场效益等因素，这是抽象思维的特点。服装设计师的形象思维能力包括对形态的感受力、形象记忆能力和想象力，其中最重要的是想象力。设计师应具备这样的想象力：既善于将记忆中的表象进行加工改造，在头脑中形成未来产品的意象，又能够将构想中的产品的形态(色彩、材质、款式、搭配)与人类的情感生活和文化意义联系起来。设计师应具备这样的抽象能力，主要是推理力：善于举一反三，把解决某个问题取得的经验用来解决类似的其他问题，或利用与某一问题关联的信息来解决其他问题。这需要创造者个人的经验与知识的积累。所谓概念的形成，既有来自过去的体验印象，又有来自现在的体验印象；既有对外界的物象的摹写，也有对内心世界的感悟。因为每个人都有其独特的概念，这种感觉的概念是服装设计的关键，它使设计师在创造服装的“形”时，能找到很好的依据。例如，服装花形概念设计、灯笼概念设计、机械构造概念设计等等，这些无穷无尽的构想之所以能不断地涌现，是与各种各样的具体概念分不开的。而且，即使是同一种花形概念，通过人的创造也有着独创性和一般性的可能。在近年来的时装流行上，古典的、生态的、田园风光和民族化的等等概念都各自表现在服装设计之中。正是因为有了这些丰富的感觉和独创的思维，才使得设计师的创造力得到拓展。

图1-4　巴黎名师勒科内与赫曼设计的纱笼裙，波浪形纱丽的花冠样式。

图1-5　Kate Moss 开创了时尚界“街头风格”的时代。

图1-6　古典主义风格的时装设计

另外，服装设计经常要用

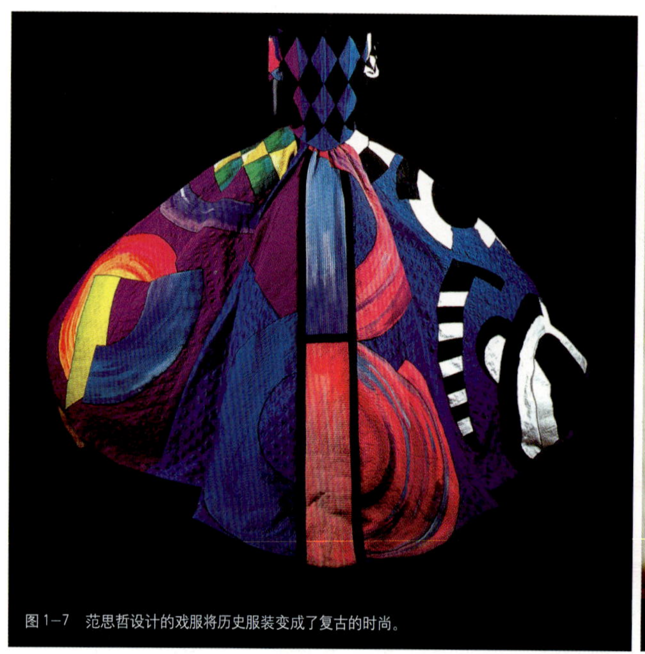

图1-7 范思哲设计的戏服将历史服装变成了复古的时尚。

图1-8 瓦伦蒂诺设计的红色系列晚礼装

归纳和演绎推理，如根据测量的数据决定服装的比例尺度；根据材料性能和工艺技术条件决定服装的加工方式和所许可的形态；根据市场需求发现新的款式类型；通过观察个与个的形态组合来分析考虑设计的方法；通过物的“形”与其他物的“形”彼此之间而产生的联想法，以及从其他事物的原理中得到启发而设计时装等。

设计无非有两类，当与现存作品关联，成为改良性设计；当与幻想、未来关联，即成为创造性设计。无论前者还是后者，设计总是离不开生活的积累，它是理性与感性的交融体。事实上，解决一个问题、做一项工作或某个思维过程中，这两种思维活动往往是并存的，只是多和少的差异而已。服装设计由于其实用功能和艺术审美所涉及的不同内容，在设计思维方面应具有如下特点：

1. 以艺术思维为基础，与科学思维相结合。艺术思维是用形象来思维，没有明确的形象就没有设计。但思维方式不是散漫无边的，而必须与科学思维相联系，因为艺术形象必须建立在人工学的基础之上，是结构和功能合理而美好的形态展现。因此它又离不开科学的思维方式，去进行归纳、演算，运用数字、公式、概念作为形象建构的依据。在设计中，两种思维方式是不可分割的。它既是感性的又是理性的。

2. 艺术思维在设计思维中具有相对独立且重要的位置。服装设计师的主要任务是艺术的造型设计，即美的造型设计。在设计师完成纸面的设计之前以及整个设计过程中，设计师们主要以形象的分析、比较、组合、变化为主要任务。因此，艺术思维过程必然包括直觉、灵感、意象迸发等，想象的发挥与服饰的整体构想、结构与外观的有机连接等。这都说明了艺术思维是设计思维的主要思维方式。

3. 设计思维是一种创造性思维，同时也是多种思维方式的综合运用。它既包括量变又包括质变，从内容到形式再到内容的多阶段的创造性思维活动过程。设计过程充满了思考与创造的因素，具有通贯全过程的性质，从构想、计划开始到产品的制作、使用、流通，整个过程都需要设计。创造性思维的全过程，体现出强烈的个性色彩，即所谓独创性。设计的科学性是设计区别于一般造型艺术的重要特质，科学的本质规定着设计的创造性思维的逻辑定向，而设计的造型性又要求设计思维的艺术思维定向。创造性思维的本质是高于抽象思维和形象思维的人类高级思维活动。它包括了抽象思维、形象思维、发散思维、逆向思维、直觉思维、灵感思维、联想思维等方式的高效综合运用，反复辩证发展的过程。因此，只有综合性的思维方式才能解决设计中想要解决的问题。在每年各国的时装发布会上，表演装的设计所体现的创造性思维是最明显的，故又称为创意装设计。

三、服装设计的程序

设计一词来源于英文的“DESIGN”与法文的“DESSIN”，而这两个词又源于拉丁文的“DESIGNARE”，其意思是构思与计划。

设计的本质和特性是必须通过一定的造型

图1-9　不同的质地赋予印花图案与色彩全新的光泽感和立体感，营造出服装的新视觉。

而使其明确化、具体化、实体化，即将设计的对象化为各种草图、示意图、结构模式……通过艺术形式、物态化方式展示设计的特点和操作性。因此，造型设计是艺术设计的主要任务，它包括了视觉传达设计和产品设计两大领域。以视觉传达为内容的设计，主要包括广告、标志、包装、装潢、插图设计等，把传达信息作为主要任务；而产品设计则是实用功能与艺术美的造型统一的设计。这两大类都离不开美的造型。

服装作为产品设计，它要研究不同的人或同一人在不同环境、条件、时间对生存、生活的不同需求，进而去选择、组织已有的原理、材料、技术、工艺、设备、造型、营销方式，研究出新的技术参数、标准、技术开发和市场开拓等课题。

服装的造型设计无论是在材料的表现，结构的处理、色彩搭配、功能的调节上还是其他一切可以尝试的地方都要考虑到如何满足人的生理上和心理上的要求，从而创造出令人满意的着装产品。服装设计过程是对服装进行艺术造型并用织物或其他材料加以表现的过程，即以衣料作为素材，以人为对象，将面料设计、裁剪、缝纫、整理，做成衣服后穿着于人体的过程。

服装设计程序应包括以下几点：

1．收集资料：包括对消费者的调研、对产品现状的调查、对产品销售的调研、对同类产品的调研、对市场环境的调研，以及制定服装设计市场营销策略定位等。在设计构思之前，要明确设计的目的、效果，即谁、什么时候、什么地方、什么目的、数量多少等，了解市场的各种信息，做好充分的调查研究。

2．规划设计风格：包括产品造型、产品质量、产品特色、号型设定、商标设定五个方面。根据市场调查和企业品牌战略对产品的要求，设计师加上自己对艺术形态的独特理解（素材、技术、色彩、细节），绘制草图或表达创意的服装效果图。由于只是构思的图样，可以没有明确的尺寸。

3．确定设计方案：包括产品造型，产品档次、产品批量、价格设定四个方面。设计师重点要考虑技术细节，包括从素材、技术、色彩、质地、完型性及后处理几个方面来确定与创意相吻合的面料及辅料等。

4．样品制作：包括选择材料、样板制作、试制基础型、制作样品四个阶段。根据服装效果图所表现的服装造型特征及其着装效果，确定其不同的比例、尺寸的正确位置，画出剪裁的式样及其构成部分，通过剪裁和缝纫工艺来实施设计效果，使之具象化或实物化。服装样品制作中，其成衣尺寸要规范、标准，各个部位的结构要准确、合理，整个工艺要精细考究。

5．审查样衣：对最初的目的和效果再一次检查与校正（包括形式、衣料、加工工艺和装饰辅料等方面）。

6．制作工业性样衣和制定技术文件：包括扩号纸样、排料图、定额用料、操作规程等。

样品确定后，即可计算工时、编排工序，为车间生产安排计划，开始批量生产。

7．在批量生产、号型齐全的服装进入市场之前，一般还需要举办不同规模的服装展示

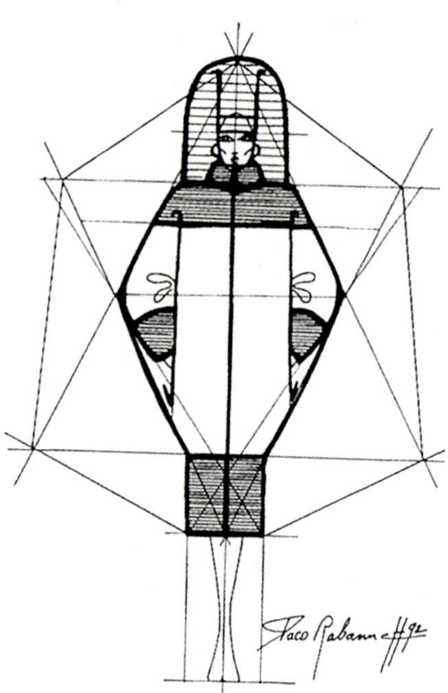

图1-10 规划设计风格

图1-11 人台上的样衣

图1-12 搜集市场信息，确定设计风格。

图1-13 审查样衣

图1-14　范思哲设计的高级时装

会，并利用各种媒体等对产品的特性进行广泛宣传。同时，产品经过整理、定形、包装后，通过有效的销售渠道和销售方式将产品推向市场。

随着科学技术的发展，欧美等国已研制出了服装计算机辅助设计与制造（CAD／CAM）系统、信息管理技术的ERP等，给设计与制作服装带来了革命性的变化。计算机辅助设计（CAD）作为现代化的设计方法，其系统通过计算机、绘图与显示装置以及数据库的配合，实现了人机之间信息的交流。通过人机互补，可以大幅度地缩短设计周期和提高设计质量。计算机不仅可以很快完成服装效果图的绘制，表现出手绘无法达到的直观效果，还可以直接帮助和控制生产、绘制结构图、进行排料裁剪甚至安排生产流程等。如美国的"格柏GGT"服装款式设计图案配色系统，就可以存储八百多万种颜色以供选择，应用于服装款式和面料图案设计，这可以减轻设计人员的繁琐绘图、着色劳动，增强直观感，即使是量身订制的版型制作也将和成衣类服装一样的简易。其自动裁割系统，一次可裁面料幅宽1.7米，可裁最大厚度为于真空吸附状态下7.2厘米。因此，在高级成衣生产中，科学而经济的工业程序为提高生产效率、节约生产成本提供了极大的可能性。因此作为一名服装设计师则必须掌握以"计算机化"为核心的现代设计方法。

图1-15

四、服饰与人体的关系

雕塑、舞蹈和服装都是以人体作为表现对象的艺术。其中服饰常常被视为一种掩盖身体或个人真相的面具，一种表面装饰。然而这种认识是肤浅的，我们应该将穿衣的方式看成是一种建构及表现肉体自我的积极过程或技术手段，是人体内外修饰在服装上的特定反映。身

图 1-16　范思哲设计的高级礼服

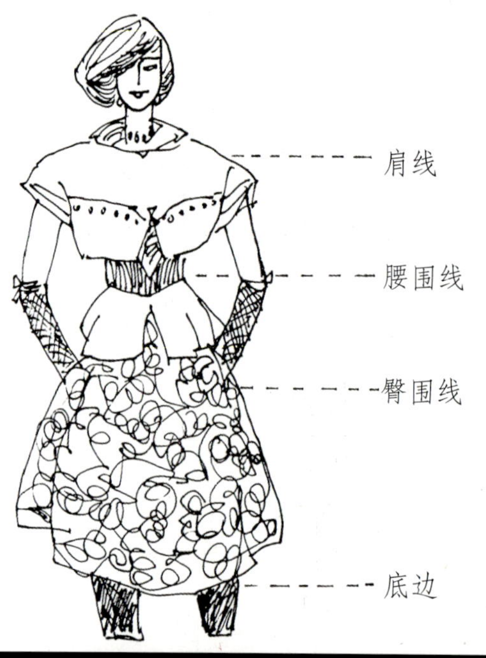

图 1-17

图 1-18　服装美学的功能是突出人体的美。

体的"活力"往往通过衣服、装饰和手势的技术安排得到表现。可以说，服饰的主要美学功能就是突出人体的美。

人类的形体本身就是比例适当、结构匀称的立体，具有空间感和雕塑感。男子，有宽阔的肩膀，肌肉发达的四肢；女人，则有圆润的肩膀，丰满的胸脯，在苗条的细腰下又是向外扩展的臀部等。"荷马时期"的希腊人，在运动和竞技中，发现了人类这一天赋的美丽形体，在他们看来，一个人只当有了健康的身体才可能有健全的精神。从古希腊的雕刻和绘画中到处可以看到男子和女子赤裸的健美身体。即使是着衣人体，也只是被很少的衣裙所遮盖。为了突出身体的美姿，他们让衣服紧贴身体，让衣褶的起伏来揭示人体的美感。这种古希腊式的衣裙，对后来的成衣界产生了深刻的影响。

服装是包裹在人体上的造型，被称之为"人体包装"或"人体软雕塑"等。设计时，除了考虑人体的起伏凹凸，在创作中还要考虑人体运动及空间的因素。因为服装是人的形体美的自我表现，服装设计必须符合人的形体和丰富多彩的活动方式以及在活动方式中所形成的立体造型。在设计时，无论是长袖还是中袖，必须适合臂部的弯曲，裤子的设计必须适合蹲、散步、弯腰、跳跃、坐、跪等各种姿势，活动幅度大，必须留有余地等。从人体本身来讲，每一个人的形体是不一样的，例如：高和矮、肥胖和苗条，甚至皮肤、头发和眼睛的色彩也不一样，其着装也应有所区别。服装设计师的任务是依据每个人不同的形体特点来设计具有独

图1–19　曲线、女性独一无二的特征 黑色礼服。

图1–20　依据人体自然曲线设计的旗袍装富丽而高贵。

图1–21 挺括的肩、流畅的衣领，饱满的背部线条，合体的腰线让你成为经典的优雅绅士。

特风格的服装，所谓“量体裁衣”就是这个意思。为了突出人的美丽的形体，服装设计既要发挥形体美上的长处，又要掩饰形体美上的缺陷。随着社会的不断发展，时尚无所不在地影响着人们的生活，服装除用来表达身体形象外，常用“流行”来显示人的“新形象”，彰显人体美的时尚感觉。一个时代推崇什么样的形体，塑造和夸张这种造型的时装便应运而生。了解人体流行时尚的规则，是流行服装的设计之本。在大工业生产的成衣设计中，为了使服装与人体的关系更加契合，服装总是在三类版型中变化：瘦身型(简约风格)、合体型(经典风格)和宽松型(休闲风格)。瘦身型也叫贴体型，在崇尚魔鬼身材的美身观念影响下，流行时装把它当做了夸张或浪漫的标志。合体型时装由于能“适应地表达人体的基本线条”，为较多的体型塑造出良好的比例和曲线，而成为许多经典样式的常用版型。宽松型服装由于略去了人体大多数的细节，使它成为“不尽如人意的体型”的

图1—22 桑德拉·罗兹设计的黑色真丝塔夫绸晚装（1939—1939）。

主要版型，如休闲化的衬衣、夹克、外套、西服等。

总之，服装设计不能孤立地就服饰论服饰，服饰美必须借助人体来表现。著名服装设计师迪奥（Christian · Dior1905～1957年）在论及服装与人体的关系时，认为主要表现在两个方面：一是服装只有通过人穿着才形成它的形态，服装是以人体为基准的立体物，是以人体为基准的空间造型；二是服装随人体活动而活动，是具有变化的时间造型。

五、服装设计的原则

1．人的尺度

赫伯特·西蒙在《人工科学》一书中提出"对人的恰当研究，在很大程度上是一门关于设计的科学"，服装设计是以人性为出发点的，因此必须体现"以人为本，以人为先"的设计原则。在人与物、环境的关系中，心理和生理因素常常是一致的，但又有各自的特殊性。心理因素包含着文化、审美、习俗、习惯、情感等因素和随机性；生理因素主要指人体结构对物和环境的适应。人体工程学（ergonomics），就是对这两方面进行综合性研究的一门学科，被应用到服装设计，必须对人的形体比例、尺寸进行度量，如身体的高矮、体形的胖瘦、肩的宽窄以及胫、肩、胸、腰、臀之间的距离和围度所形成的整体外形曲线及由此所产生的韵律、美感、活动范围等。成衣设计还要采用若干基本的度量尺寸，计算出整个服装的比例，为生产设计提供技术参数和科学依据。

在服装中体现出设计师对人的体贴与关怀是赢得顾客的关键。从面料质感、色彩的选择到款式、尺寸的确定，再到领口、袖口、扣位、兜位的设计，甚至里衬、垫肩、兜布等的细微处理，无不体现出设计师的良苦用心。消费者于细微之间体会到设计者的心意，必然会产生对品牌的信任感。

2．整体设计的原则

服装各部分的总和称为整体，它包括发式、面妆、首饰、衣装、鞋帽和各类服饰配件等。如何将服饰的各个局部以最为恰当的形式组织成一个统一整体，是服饰设计的一个基本原则。在整体设计中，各局部因素采用接近性、类似性、连续性、规则性的手法求得遵从于总体概念的构成完形。另一种方法是利用对比和突出中心的均衡互补手法达到相对意义的统一，而"协调"便是这种关系趋于和谐的主要特征。

3．TPO 原则：着装要适应时间、地点和场合

服装所具有的实用功能与审美功能要求服装设计者首先要明确设计的目的，要根据穿着的对象、环境、场合、时间等等基本条件去进行创造性的设想，寻求人、环境、服装的高度和谐。这就是我们通常说的服装设计必须考虑

图1-23　简洁而细腻的牛仔装，让人感受时尚的设计风格。

图1-24　显出男士刚柔并济的工作装。

图1-25 时髦而优雅的公务员职业装扮。

图1-26　时尚的流行女装。

的前提条件——TPO原则。TPO原则是日本男用时装协会(MFU)在1963年提出的。所谓TPO即英语时间(Time)、地点(Place)、场合(Occasion)的缩写字头。在服装设计过程中，只有了解穿着者的个性，所处的环境和服装的种类，并与材质、形、色彩三要素进行综合考虑，才能把握住服装设计的起始方向。这里，时间包括两个内容，一是指一天，分早晨、白天、晚上；二是指季节(春、夏、秋、冬)，是纵向的；"地点"是讲因地制宜，着装要与所在的地点协调，是横向的；而"场合"却是纵横兼容，着装要与所处的场合的气氛协调，是着装艺术最后效果的综合体。这一理论的提出后，便在世界迅速传播，从而延伸到包括男装、女装在内的一切服饰文化，成为时装的审美观照，形成了新的TPO。它告诉时装的设计者、生产者、消费者，无论男女都要注意时间、地点、场合的不同，穿衣打扮的审美要求也应不同。如果不顾TPO差别，其效果必然适得其反。

4．附加值的体现

附加值是指对产品的额外价值所进行的设计与创造。附加值的创造作为提高设计价值的有效方法之一，已引起了世界著名时装设计机构和服装企业的广泛重视。一些蕴含新材料、新工艺、新功能，凭借完美统一的品牌形象和文化内涵，具有较高声誉和社会影响力的名牌服装，由于不同的价值取向造就了超越产品实用价值以外的多重附加价值概念，使服装在满足功能性的使用过程中，更加全面

图1-27　高级时装担当着提升产品品位，创造高附加值的品牌重任。

图1-28　海军蓝羊毛斜纹套装（夏奈尔商标）1985年

图1-29　服装设计效果图

具体地满足使用者的精神需求。正确理解、运用并创造服饰设计相应的价值体系，是服装设计师应遵循的原则之一。

5. 变化原则

变化是客观存在的规律，时代的变化和服装设计的变化，是两个相辅相成、互为因果的变量因素。时代的进步，新科技、新材料的发明和运用，大众消费观念的提高，审美情趣和社会文化意识的增强，都直接影响着设计的变化形态。就服装设计本身而言，从设计到生产销售，如何及时预测和掌握市场流行变化和发展趋势，制定新品种的开发设计战略，是设计师应遵循的原则。在设计中唯有变化是永远不变的原则。

第二节　中西服装设计文化比较

中国的服饰文化与西方服饰文化在相当长的历史时期内，在相对独立的环境中，各自形成了自己的文化体系。二者无论是文化深层心理、哲学思想、审美取向、价值观方面，还是服装的外部形态，都存在着明显的差异。通过分析比较，我们可以了解历史上中西服饰文化的发展轨迹和各自的文化特征以及造型理念。

一、中国服装设计思想

服装是文化的一种表现形式。它融合了科学技术、社会制度、哲学观念的内容，从而形成了自己的文化特征。在我国，服饰审美与传统文化有着密切的联系，华夏族先认为礼仪之大为"夏"，称服饰之美为"华"。在华夏文化中，衣冠是"礼仪"之规，把礼仪和服饰视为民族之范以及"道德"的法度；中国古文化的核心即"天人合一"的哲学思想，把服饰提高到了"治国立本"的地位。服装被纳入社会大系统中，开始了它的变化与发展。当服饰艺术融入了礼仪教化、伦理道德、宗教训诫的内容后，便摆脱了具象、表象的束缚，逐渐形成为独特的意象艺术。表现为：

1. 追求精神功能。注重、强调表现人的精神、气质、神韵之美，不强调服装与形体的关系。通常只有前后两片，因为要有利于活动和隐蔽人的身体，其造型线就像中国画的"笔情墨趣"，取宽松随意式，做得十分宽大，顺应"形残而神全"的中国服饰写意体系，再赋予服饰各个部分以特定的含义。如中国古代服

图1-30　日本时装设计师三宅一生设计的高附加值的名牌时装。

图 1-31　魏晋南北朝时的杂裾垂髾女服图。

图 1-32　穿襦、披帛的唐代宫女。

饰中的云肩、霞帔，从它的命名上就可以体会到一种飘然若仙的感觉。这反映出中华民族传统服饰设计中的美学观念和强烈的东方风格。

2．中国服装文化属于一元文化的范畴，具有大一统观念。着装者注重群体意识，个体着装必须融入整体与群体着装意识之中。通过服饰的造型观念去强化整个社会的精神内容，因此，人们在穿着中习惯于不去突出个性。

3．中国在服装的造型上重视二维空间效果，结构上采取平面的直线裁剪方法。中国服装的悬垂感是独一无二的，这取决于服装的材质即丝织品。丝绸的柔软和轻盈，使服装上端定位在肩或腰，取宽松肥大式。中国画史中“曹衣出水，吴带当风”，虽说是衣纹两种线描特征，也是东方服饰的写照。这种构成不重服装的”形”，而重服饰的“态”，以表现着装者的人格内涵。如爱国诗人屈原，就把深衣视作“以和天人，以格治理”的象征，以深衣飘襟逸裤的奇伟之意，表现其傲视当世的浩然之气。

4．中国人的服装是用来保护人体的，所以做得十分宽松。其服装造型具有东方人整体、内省、静观、象征等特质，追求人与自然的融合，隐藏人体于服饰之中。宽衣博带，相对于西方来说，其样式几千年来变化不是太大。但对服装表面的精美装饰的追求是世界上其他民族所不及的。在形式法则上多体现对称、和谐、统一的表现手法，使服装显得端庄、含蓄。其最终指向的仍是伦理的精神意义。

图 1-33　宽衣博带、飘逸流动的唐代服饰风格。(叶毓中绘)

二、西方服装设计思想

林语堂先生在《生活的艺术》中说：”西装意在表现人身形体，而中装意在遮盖它。”这和中西方的思想传统不同有关。在西方，人体文化源远流长，从古希腊起就非常重视人体美，服装也常被看作是人体艺术的一个组成部分。毕达哥拉斯直接用数和比例来研究人体，他所发现的“黄金分割律”，对于今天的服装设计的影响仍然深远。由于对人体生理上的合规律性研究，形成了强调胸围、腰围和臀围，显露体态的写实服装风格。主要体现在以下几个方面：

1．西方服装以表现人体的本质美为前提，在服装造型上强调三维空间效果。意大利女装设计师施爱帕尔莉认为，时装设计应该有如同建筑、雕塑般的“空间感”和“立体感”，而形体是不能忘记的。在结构处理上，为了裁剪得体而发明了“收省”，通过各种精密的省裥、衬垫、压缩等工艺，使服装与人体贴合得更加自然，以充分表现人体形态的曲线之美。西方服装讲究外轮廓线，对肩、腰、臀的主要大体部位进行有意识地强调、夸张、突出性的区别，如西服用肩垫强调男性的刚毅和力量，而用鲸骨支撑起的长裙则强化和夸张了女性臀部。

2．西方服装文化属于多元文化的范畴，表现出用服装突出个性、显示个性，反对相同、类似的服装。她们需要有个人的独特风格，以此来表示对自我价值的肯定。

3．西方服装的造型观念带来了服装形态的变异性、丰富性和创新性。时代的发展，导致时尚与流行的追求和设计师的出现，而服饰流行变动又给设计行为带来服装多样性的创造。

4．服装的审美追求“真”，注重“形”，西服预先通过裁剪、缝纫工艺而固定成形，结构明确。穿在身上仿佛一层“壳”，具有单纯的审美意义。在形式法则上，西方的服装设计师对纯粹的形状、色彩、质感等形式因素有特殊的敏感。使服装以抽象的形式美追求外在造型的视觉舒适性，常采取自由的非对称性、不协调性的服装造型方式。

5．从女性的穿着上看，同样可以解构出东西方人不同的审美观。如西方女性服饰直接强调女性人体的性感特征，常常喜欢穿大大咧咧的袒胸露臂式的服装；日本妇女所穿的传统和服露出背后优美的颈部；而中国妇女则只是露出桃红色的衣服里子。从中可以看出东西方人不同的审美心态，西方人的浪漫、日本妇女的腼腆、中国妇女的含蓄。

从艺术风格上比较，不同国家的文化传统形成了不同的服饰文化风格。法国服装设计师的作品，整体特点是前卫、浪漫，表现手法相对夸张、丰富；意大利服装设计师的作品，版型相对严谨，表现手法时尚，色调较稳；伦敦的时装则是二级绅士与朋克兼现；纽约的时装受其经济的影响，较为实用、简洁和自由，而日本时装受东方文化影响，整体上是东方情调，表现手法有以线的分割几何状前卫型，在国际时尚之中逐渐被影响和吸收。

纵观中外服饰文化的发展历程，不同服饰文化间的相互交流、渗透和融合，促进了各自的服饰文化和人类共同文明的发展。随着信息技术和国际互联网络日新月异的进步，文化传播速度的加快，中西服饰观念相互取长补短，其差异正在淡化。现在时装系统本身不仅已经国际化，讨论时装的话语也国际化了。在这种情况下以消费为目的的时装同时利用了异国情调、原始主义、东西方主义和未来主义的话语。在这一过程中，追求异国风味的冲动在具体的文化氛围中仅仅揭示了种种区别和表现在对常规的突破。因此，全球经济一体化的现象，将会进一步加快世界服装潮流国际化的步伐。

图1–34　突出人体背部的曲线之美。

图1–35 “吉布森女孩”形象，线条呈夸张的S型，曾风靡一时。

图3–36 紧身黑色套裙，露出女性迷人背部和腰部曲线的时装。

图1–37 突出三围，显露人体曲线之美。

图1–38 西方服饰坦胸露背，体现人体形态之美。

第二章

服装的发生、发展和社会功用

第一节　服装的起源

一、服装与人的需要

服装的起源，研究"人类何时穿衣"与"为什么穿衣"的问题。服装的创始与人的需要是紧密联系在一起的。当代心理学研究表明，人的行为是由动机支配的，而动机的产生主要源于人的需要。因此，需要、动机、行为、目标构成了一个人类行为的活动结构。

所谓需要，主要指人在生存发展过程中对某种目标所产生的欲望和要求，欲望从根本上来说是一种心理现象。行为科学家通常把促成行为的欲望称为需要，需要是产生人类各种行为的原动力，是个体积极性的根源。人类为了生存和生活，必然产生各种各样的需要，而动机是在需要的基础上产生的。按照美国心理学家马斯洛(Mas low)的需求理论，人类的需求分为五个层次：生理需求、安全需求、社交需求、自尊需求和自我实现需求。这种由低层次向高层次发展的需求概念，基本上概括了从物质到精神需求的全部内容。人类需求的满足大致是通过自然环境和人为环境两个方面来完成，服装设计反映了人类自身的装饰心态和装饰现象的存在，人类在改造世界的同时，改变着自己的生活方式和行为方式，同时也表明了实用与审美统一的功能和价值属性，所以服装的设计在满足人类不同需求的层面上具有重要意义。从事社会科学的专家学者，对人类服装的起源从自然本能的人体防护和社会性的装饰观念两个方面进行研究和分析，分别从不同的角度，为服装的出现寻"根"求"源"。其中最有代表性的就有：因为男女性别不同而产生的蔽体遮羞以及吸引异性说——为了实用而护身御寒，为了美观而装饰护符，为了狩猎需要而模仿其他猎物的形象。其他还有巫术说、图腾说、社交说、游戏说、模仿说等等。而美国服装心理学家赫洛克认为：这些说法都还不能确切地说明人类装饰和衣着的起源，只有当人类逐渐有了关于服装怎样影响穿着者和观赏者的一定知识以后，才能自然产生上述的各种动机。因此上述观点尚不能充分地、完全地回答服装起源的问题。但从现存原始民族的调查研究来看，服装起源的因素应是多方面的，也许因为时代、地

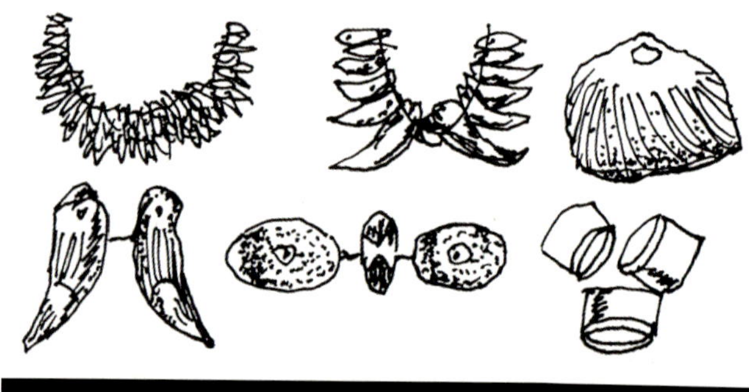

图 2–1　旧石器晚期人体装饰。

区等条件不同，各以某些原因为主。我们通过不同的角度去理解和看待这个问题，对我们了解服饰的起源是很有意义的。

我们今天的社会是从蒙昧野蛮的原始社会发展而来的。作为与人类文明息息相关的服装就像那历史的链条，联结着原始人群和发达的现代文明社会。研究服装的起源，对于我们探寻服装设计的历史，理解服装的本质是必不可少的。

二、骨针与串饰——服装发生的标志

就远古人类着装而言，现已发现了距今约2万年的用于缝纫的骨针。北京附近的"山顶洞人"，分布在欧洲、非洲、西亚一带的"尼安德塔人"几乎同时发明了缝合兽皮用的骨针。原始缝纫工具骨针的出现，意味着人类已告别赤身裸体的时代，生产技能已经提高到可以将兽皮等缝缀起来护身御寒，而这一行动便是人类创造衣服的第一步。骨针作为人类服饰文化的杰出标志和信物，标示着人类的造物生产已开始向审美的方向发展。

沿着人类着装的审美趋向，进而可以发现纯装饰性造物品类——串饰的存在。早在旧石器时代晚期的文化遗存中就发现石制的串珠，骨制的头饰、耳饰，牙制的项圈以及贝制的臂钏等。各种各样的装饰品，成为人类注意自身美观，利用外部器物来修饰、美化自身的开始。这种普遍存在于早期人类心目中朦胧的审美意识，对服装与文明的起源提供了重要的启示，它是人类走向装饰自己、美化自己之路的一个里程碑。

图2-2　太平洋群岛土族民族的身体装饰。

图2-3　太平洋群岛土族民族的头部装饰。

三、服装的基本型制

服装的型制离不开人的基本形，因此服装外形应依据人体的形态结构进行新颖大胆、优美适体的设计。服装在历史上出现的基本型制可概分为：

1. 套头式

套头式是指把布从孔直接套在身上的穿衣方式。即在一块长方形布中间开一个能套头的孔，当把头套进去以后，前后两片布自然垂下，可用腰带系之，或加扣。其孔可圆、可方，也可呈菱形。我国古代称"贯头衣"。将两块布上端的一处或两处缝合，而从中部套头的古希腊的长衣和古罗马的圣带等都是套头式服装。欧洲中世纪的卡尔玛提卡装就是把布料裁成十字形中间挖领口，在袖下和体侧缝合成的宽松式贯头衣。

图 2–4　唐代戴花冠，梳椎髻帔的贵族着装。(《宫乐图》)

图 2–5　明代女子的宽袖背子装束。

2. 门襟式

门襟式是指前襟式服装，着装方法类似于短和服。它是从套头式发展而来的，即把套头式服装的两侧部缝合，避免侧部翻卷，是为了便于穿脱，而在前部的中间开口。我国古代的褙子、日本的和服等都属于门襟式服装。

3. 缠绕式

缠绕式是指将长方形或半圆形的布料缠在身上或披在身上的穿着方式。这种穿着方式没有固定的服装形态，只是把一块平面形的布料卷在人体上。古埃及的缠腰布，古希腊、罗马的大长袍等都是典型的缠绕式着装方式。

4. 穿衣式

穿衣式是指裤子、裙子式的上下分开的穿着方式。我国古代的襦裙就是上下身成套的裙子。在欧洲，古代波斯的王公贵族都是上穿candys，下身穿裤子。

5. 连衣式

连衣式即指衣裳上下相连的着装方式。我国古代的深衣、袍服等属于此类着装。连衣裙也是由上衣和裙子合成一体构成的裙装，腰部切割时根据腰部位置的变化，分为自然腰线的连衣裙、高腰连衣裙、低腰连衣裙等。

图 2–6　旗袍装的现代演绎。

图 2–7　新洛可可时代流行的金字塔状的裙子。(1850–1870)

图2-8　明代官吏朝服——文一品官礼服。

图2-9　宋代大罗袖衫、长裙贵妇穿戴展开图。

第二节　服装的发展

一、服装随时代而嬗变

《圣经》告诉我们，人类第一件服装是亚当和夏娃设计的，但这仅是传说而已。根据民族学的调查资料来看，衣服的式样是逐渐发展的。最初先民们利用野生的草、树皮乃至兽皮，经简单制作，用以御寒护身。而原始的手编又促使了纺轮的出现，在河姆渡、庙底沟等中国新石器时期居住的遗址中，都曾发现过各种型制的石纺轮和陶纺轮等许多纺织工具。这表明七千年前的人类就已能用植物纤维来纺纱织布，并从根本上改变了人类的着衣状况，开始了真正意义上的穿着衣裳。中国的原始纺织技术不仅织造出了麻织物、毛织物，而且还织造出世界古代史上独特的丝织物。各种纤维材料的应用，为服装的形成和发展奠定了坚实的基础。

清代学者叶梦珠说："一代之兴，必有一代冠服之制，其间随时变更，不无小有异同，要不过与世流迁，以新一时耳目。其大端大体，终莫敢易也。"（见《阅世编·冠服》）所谓"一代有一代冠服之制"，就是指的服饰的时代性。

中国古代服装类型分为套装式的上衣下裳制以及整合式的上下连属制，如深衣、袍、衫等，形成了服装设计的两种基本型制，各个时期的各种类服装均按照这两种基本型制发展变化。始于周代的章服制度，使服饰成为官职大小与等级身份的标志，如冕服、弁服、元端、深衣、袍、裘等不同的场合穿的服装。《管子》一书中说："昔者桀之时，乐三万人，端噪晨乐，闻于三衢，是无不服文绣衣裳者。"这里所谓"文绣衣裳"即妇女们穿的以绫纨缝制的衣裳，从中可以看出服装设计和制作的水平以及高度发展的服饰审美意识。春秋战国流行"胡服"；秦代流行"花罗裙"；汉代流行"衣必锦绣"；魏晋时期是最富个性审美意识的朝代："褒之博带"是魏晋南北朝时的普遍服饰，其中尤以文人雅士居多。盛唐出现的袒胸露臂、宽衣大袖，可谓衣褶飘举，富丽堂皇。周诗："惯束罗裙半露胸"，即是描绘这种装束，这是中国古代着装中最为大胆的一种，足见唐人思想开放的程度。宋人受程朱理学的影响，焚金饰，简纹衣，以取纯朴淡雅之美，服饰向典雅清秀方向发展；而明代是中国古代服装发展史上最鼎盛的朝代，由于恢复汉制，服饰华丽异常，盛行绣吉祥图案，追求庄重大方；清代则趋于服饰的繁丽和工艺的精巧。其间，妇女所穿的襦裙、半臂、褙子、比甲流行时间最长，成为唐代至明代千余年妇女穿用的服装。据史载，章服制度一直沿用到清末，其间虽有增删改易，总的来说还是一脉相承的。到了封建社会末期，西洋文化逐渐东行，留学生脱长袍马褂，换西装革履，也都与当时所处社会的意识形态的变化有密切联系。

近代，开始出现西装、茄克衫、大衣，另外长袍、长衫、马褂、坎肩、长裤仍在流行。女服出现了由满族旗人袍服发展变化而来的旗袍，其结构方式由原来的"大裁"，即平面裁剪，演化为拥有省道、装袖、斜肩缝等属于西式服装结构内容的立体裁剪，裁制得合身适体。女子着装配上相应的胸饰、首饰、披肩、高跟鞋，体现出秀美的身姿，仍然表现出中国服饰独特的风格和体系。

服装随时代的发展而变化，在西方也是如此，古希腊的服装是以一种"不缝纫"的衣服而缓慢沿革的。"缠身型"服装披在身上主要是借助别针、金属扣来固定和系结。另一种是以方型织物制成的大斗篷和小斗篷，靠纺织品悬挂时自然形成的褶裥和皱纹产生丰富多采的外观效果，常用作正式服装。古罗马服装基本继

图2-10　瓦伦蒂诺设计的经典晚礼服和套装。

承了古希腊的形式风格，讲究比例、匀称、平衡、和谐等整体效果。14世纪以后的欧洲，建筑对服饰产生了重要影响，出现了哥特式服装、巴洛克式服装和洛可可式服装。17世纪的宫廷时装风靡一时，在时装方面一直处于领先地位，至19世纪后期，法国的时装潮流一直为世人所注目，因此巴黎有"世界时装之都"的美誉。可以说，左右服装发展的不再是君主、政府和宗教，而是生活在现代文明中的人类，他们在设计着自己的外在形象和生存方式。服装在此时才真正与人的身心紧密地结合起来，而这正是服饰的本身意义所在。

正是由于高级时装业的初步形成，代表着服装设计与其他领域同步跨入了新的时代，开启了以设计师左右时尚的历史。20世纪初期，受装饰艺术运动的影响，以法国服装设计师保

图2-11　借鉴世界各民族的服装，设计出细节优等的时尚品牌。

罗·波瓦赫（Paul Poiret）为首的革新派借鉴东方服装的风格，对沿袭19世纪而来的女装进行了造型、色彩、剪裁结构上的重大改良。其主要贡献在于取消了禁锢女性长达三百多年的紧身胸衣，打破了以S造型为主流的趋势。而在表现形式上，也是西方服装设计师从东方服饰中吸取灵感，成功改造西方服装的典型案例。受现代主义风格的影响，法国著名设计师卡布丽尔·夏奈尔（Gabrielle Chanl）将女装简练化，将一切奢侈和高级感蕴藏于简朴之中，以简朴取代繁琐。受她的影响，更多的设计师在服装设计上进行各种现代主义风格的尝试，追求新的创造性，成为这一时代的特点。尤其是商品化生产使服装成为流行生活的重要组成部分，成为人们时尚中最有代表性也是最重要的部分。

到了20世纪后期，后现代主义艺术设计代表了当代文化、审美的变迁。其文化商品实践最突出、最有代表性的领域之一的是时装。随着社会生产力极大的发展，物质极大丰富，人们的价值观与审美观亦发生极大变化，于是适应现代社会生活方式的成衣时装大行其道，这种批量的时装生产方式成为服装业的主流。它不仅令时装艺术得以在工业化时代发扬光大，而且丰富了工业化成衣的人文内涵。这种设计理念强调材料、意象风格的多元化，从而改变了以高不可攀的上流社会时装为主流的时装文化。服装在各种哲学、艺术思潮的影响下有了更多的表现形式。尤其是现代网络技术的发展使地球成为一个“村落”，电脑、信息技术的影响已深深渗透到服装设计领域。计算机在设计上的运用，使设计、配色、面料、排板、打板、放码甚至营销更加快捷简便。

时代，是一个时间的概念。代者，迭互之意，是历史的更迭和延续。服装发展的历史告诉我们，无论是昨天还是今天，每个时代时尚的服饰都是当时人们审美趣味的物化，它与不同的地域、社会、种族、阶级的群体紧密联系在一起，相互影响，形成了风格各异的服饰文化传统。科学及工业的迅猛发展使服装向更高层次发展。今天的服装设计一方面表现出多元化、艺术化的形态；另一方面向着更有人情味、更强调功能与形式统一的方向发展。

二、服装的继承与创新

传统是事物已有的经历、经验的积累，创新是事物发展的方式方法。从唯物认识论上讲，传统是已有的东西，创新是追求未来的东西；没有传统作为基础和参照就无所谓创新，没有创新也就没有发展，创新与传统是事物的辩证统一关系。

在服装史上，许多经典式样对其以后的时装设计都产生了深远的影响，被人当作一种母型来进行长期的模仿，从而由当时的时髦变成了日后的传统。例如，美国的一种叫做“Shirt-waist”的连衣裙，其特点是上半身包括领型、袖型均采用男式衬衫式样，有长方形的前襟，剪接布腰带。这款式样流行了近一个世纪，成为美国及欧洲大陆时装设计师创新的母型。还有，法国服装设计师迪奥的“新外观”、夏奈尔

图2-12　维斯特伍德借鉴18世纪布袋礼服的褶裥造型和19世纪用填垫方式隔开衣料和身体的技术设计的时装。

图2-13　20世纪70年代圣·洛朗设计的“毕加索”系列作品。

图2-14　18世纪下半叶巴斯尔样式的法国贵族男女服饰。

图2-15　彰显时代特征的流行装束。

图2-16　18世纪中期欧洲贵族妇女礼服。

的"夏奈尔套装"，对以后服装发展产生了深远的影响。作品本身也变成了传统的款式，或者说变成了古典的设计。中国的中山装、满族的旗袍、北方农村妇女穿的肚兜等传统式样，在历史上被演绎成具有东方情调的时装，同样颇受新潮男女的喜爱。因此，创新往往是以传统作为基础的。服装的流行，通常是反复而变化的。近年来，国际时装流行的"复古"、"回归自然"等趋势都是对传统服饰的变革和创新。它反映了以下规律：

第一，优秀的传统服装式样是人类物质文化的宝贵财富，它的基本设计原则和完美的式样，在历史上经常被借鉴、运用到当代服装中。

第二，历史上某一传统服装式样的复苏，都有深刻的时代背景，它反映了当时社会的思想和审美趣味。

第三，创新必须着眼于科学技术的进步以及由此带来的生产方式、交往方式和生活方式的变化。

传统文化的财富，是我们服装设计的巨大源泉，需要我们认真地加以研究。世界上许多时装设计大师都有深厚的民族文化素养，他们将民族的样式和传统的文化因素进行解构后，使传统与时代结合得天衣无缝，异常完美，常常使历史和传统文化焕发青春活力。作为历史文化的一种延续，传统的服饰文化始终应该在超越中得以继承和发扬。

三、走向消费社会

衣、食、住、行是人类生活的四大元素。人们把"衣"放在首位，可见衣服对于我们的重要性。中国人口十三亿多，庞大的人口基数本身就组成了一个庞大的服装消费市场。当代消费文化的中心就是消费。理论学家詹姆森（Jameson）将后现代描述成了全球购物中心，20世纪以后，是人类生产力发展最快的时期，社会商品极大丰富，所有人都将被消费所包围。这是一个物质过剩的时代，人们醉心于购买与消费。美国的整合行销传播之父唐·E·舒尔茨（Don E.Schultz）在《整合行销与传播》一书中认为：在势均力敌的商场上，企业唯一的差异化特色，在于消费者相信什么是厂商、产品或劳务以及品牌所能提供的利益。诸如产品设计、定价、配销等行销变数，是可以被竞争者仿效、抄袭甚至超越的，唯独商品与品牌的价值存在于消费者心中。品牌可以使消费者快速地从无数商品中辨认出自己所需要的，更重要的是品牌可以使消费者在心理上将自己划入某个档次，并因处在这个档次而自豪。正如法国的后现代消费理论学者鲍德里亚所认为的那样，在当今西方社会，人们消费的已不是物品，而是符号——"为了构成消费的对象，物必须成为符号"。因此，满足基本的需要和具有符号意义的所指是消费社会的物品所具有的双重属性，无论是满足需要，还是作为表征的符号，事实上它们都是指向社会的。

消费社会是唤起环保的时代。服装设计发展到今天，随着人们生活理念的提升，已越来越认识到人与衣，人与自然，衣与自然三者之间的和谐关系。衣不可束缚或加害身体，人亦不可破坏自然规律。服饰追求自然地遮盖人体，人类本身是一切产品形式存在的依据，产品形式与性能应该适合于人的特征而存在。近年来，提倡的绿色设计GD（Green Design），即所说的生态设计ED（Ecological Desige）要求在人、服装、环境三者组成的系统中，要形成相互统一的有机体。这是强调设计在满足环境目标的基础上，应充分考虑其服用性能中的健康属性。因此，绿色设计服装设计的过程中，应该具备以下几个条件：

图2-17 晚礼服设计效果图

图2-18 欧洲传统风格的女装设计。Guy Laroche

1. 生产过程无污染化。即"服装设计——面料选择——工业制作——包装运输——销售"这一流程对产品及生产环境不产生污染。

2. 人体着装无污染化。即"着装——洗涤——再穿着"这一过程对人体健康不能产生不良影响，其有害物质含量不能高于国家和国际的相关标准要求。

3. 废弃过程无污染化。即服装可以循环回收再使用，可做降解处理，废弃处理过程中不能再释放有害物质，以免对空气造成污染。

为此，在服装领域中，绿色设计出现了几种主要的表现形式：如环保主义、自然主义与简约主义风格等。这是服装设计向人类自身本质回归的必然趋势。20世纪90年代，欧盟国家纷纷立法，对本国生产及进入本国市场的纺织品、服装实行环保认证，绿色环保概念的服装在欧洲各国已蔚然成风。

第三节 服装的社会功用

一、服装的文化属性

文化就其本质来说，是人类智能活动的创造。人类凭借丰富的知识技能以改善社会生活的行为及其创造物，被称为文化。衣着服饰包含着人的创造过程和被物化了的人的意识观念，是人类生命活动中最具本质意义的文化形态和审美形态。它使站立起来的人类从此摆脱野蛮蒙昧的动物属性而开始进入文明的生活状态。可以说，衣着纺织的创造，在人类社会文明进步中具有不可替代的基础地位。

服装作用于人类赖以生存的社会，除充分满足人类物质生活需要以外，还体现在对人类精神文化的创造和发展的积极作用方面。服装发展史告诉我们，服装的进化在人类文明的各个时期都有特定的标记，其设计不仅是美化身体的手段，也是表现社会文化机能的一种符号，传达和表述着一定的文化信息和社会属性。就世界性服饰文化的区别而言，大多数民族都有自己独特的形式和着装方式，有不同的设计和造型的风格，这些差别和特点，无疑涉及一个民族的社会风情、人文习俗、哲学信仰、审美意识、心理积淀和技术环境等宽广的领域。比如，西方文化以其基本的内容和特性，影响和决定着西方服饰文化的审美内涵。在古希腊，毕达哥拉斯直接用数和比例来研究、理解人体，他发现的"黄金分割律"，对我们今天的服装设计影响仍然重大，表现出对人体美、客观形式美的追求。东方文化注重服装的精神功能，服装作为政治的附庸而存在，在其审美观上，更偏重于伦理美之"善"的认同，强调服装与社会环境的和谐关系。

服饰作为一种文化现象，是具有显著的文化特性的，这就是它的民族性、时代性、流行性和交流性。民族性构成各民族服饰传统的独特风貌，时代性反映服饰伴随社会进步的发展轨迹，流行性则显示服饰发展的趋同特征。总之，服饰的文化特征是使服饰成为文化现象的结构要素。

美国文化学者莱斯利·环特认为：一种文化是由技术的、社会的和观念的三个子系统构成的，技术系统是决定其余两者的基础，技术发展则是文化进步的内在动因。每一次工具和机器设备的进步，都促进了制衣技术的不断完善，而每一次材料的革命，也加速了衣料的更新换代。技术和经济以及艺术的发展，都会对服装文化产生持久的影响。因此，服饰文化的演变直接反映了社会的政治变革、经济变化，以及风尚的变迁。

二、服饰文化的交流性

服饰文化的交流性是指服饰在其发展过程中不断与其他民族、国家和地区的不同风格的服饰交流、融合，取长补短，不断完善的属性。

服饰发展的交流性反映的是发展过程和变异性，是一种横向的发展与变异。当我们讲时代性变异的时候，是指一种纵向的、历史的变异关系，而交流性和流行性一样，反映的则是在一定的历史时期内民族间、区域间服饰风格的融合、发展关系。可以说，服饰的发展的历史，也就是各民族、各地区之间不同风格的服饰相互融合、共同发展的历史。

服饰的交流性是作为文化现象固有的属性而存在的。我们知道，文化在其不同的社会经济政治等客观条件下形成和发展，必然会形成不同的文化丛、文化圈、文化区乃至文化类型或文化模式，所谓"居楚则楚，居夏则夏"。不同的文化群是存在着差异的，同一文化群在功能上是互相整合的，外部特征是相似的。服饰也是如此，由于各民族、各地区生活的自然条件、社会条件不同，观念思想也迥异，故此形成了不同的服饰文化风格或类型。服装发展史告诉我们：服装的文化交流是多角度和全方位的，既有本土文化之间的，又有中外文化之间的；既是横向的，也是纵向的。服饰发展需要社会经济、文化的发展为基础，但更需要各民族、地区间服饰的交流，以获得新参照系统和设计灵感。

文化又是具有传播特性的，也就是在人们的社会交往活动过程中，不同类型的文化因其具有共享性，并存于一种传播关系，通过特定的传播媒介而产生互动的现象，其交流表现为冲突与融合两个方面，也是促使服饰不断发展进步的基本属性。我们知道，中西服装文化的时尚交流可以说是从20世纪20年代开始的，其动因主要有两方面，其一是大批国外留学生在回国的同时，将海外的着装观念和穿着方式带进来，使一部分进步人士脱去长袍马褂而穿起了西式洋装；其二是受来自美国好来坞电影文化和海派服装的影响，以上海为主的大都市的女性纷纷打扮成一副"摩登女郎"的模样，追求地道的海派西洋风格。特别是改革开放以来，中外服饰文化的交流日益频繁，这种交流使我们了解了国外许多著名的设计师，熟悉了许多世界服装品牌，也拓展了我们的艺术视野，在这种新时期的国际服装文化的交流中得到了启迪的同时，开始面对服装文化的多元化发展，思考我们的服装发展新的价值取向。其实，当西方服装文化向我们渗透时，我们一直处于被动状态，服装企业和设计师在追求西方服装文化和服装流行的同时，也容易失去自我的文化价值。这种主从关系和先后顺序在不经意间已经约定俗成。显而易见，以法国、意大利为主的西方服装发达国家凭借强大的文化优势和行业实力迅速向我们的服装文化出击，成为无所不在的服装文化主流。我们说，服装文化的时尚和交流应该是在一种自由、平等、和谐的基础之上进行的，而不是盲目地跟随和被动的接受。这种倾向已促使国内更多的时装设计师思考：在借鉴西方优秀设计的同时，应该如何增强本民族文化的自觉意识。也使我们深知，服装文化的整体上的繁荣需要建立在一个综合性、多方位的服装发展体系之上，

图2–19　现代风格的高级时装设计

它涉及服装文化、服装理论、服装设计、服装工艺、服装市场、服装管理、服装教育、服装传媒、服装网络信息等各个层面的成熟和完善。

三、服装的社会功用

人类因社会生活的需要而创造衣着服饰，同时又因衣着服饰而走向社会生活，形成一定的社会角色。在中国古代，一定的服饰纹章是社会政治秩序、道德秩序的标志。人们常会把服装和人穿着行为的某一方面加以神圣化和扩大化。衣冠服饰成为统治阶级"严内外，辨亲疏"的工具。不仅不同身份等级的人穿着的造型、色彩、质地有别，而且其内在意义也不相同，所谓"人物相丽，贵贱有章"，社会和时代造就下的服饰内容，塑造成了各个相异的文化服饰符号。始于周代的冕服，宽袍大袖表现了"天子以四海为家，不壮不丽无以重威"的思想；中国古文化的核心"天人合一"的思维模式，把服饰提高到"治国立本"的地位；黄色作为一种符号，传递了"只有皇帝才能享用"的无声语言；还有服饰中的十二章纹饰、汉代的佩绶制度、唐代的"品色服"、宋代的束带及幞头、明代的巾帼、清代的花翎及朝珠等。在中世纪，欧洲国家的妇女的拖裙等，都用来标示着装者的社会地位。这是服装特有的一种社会认知功能。另外，服饰还有表现男女性别的社会功能。

人的视觉、知觉、心理结构和情感是感知美、体验美的载体，它们对来自于物的美进行判断、选择和接受，从而实现其审美价值。服饰文化形态，实质上是一定社会的人认识自己、表达自己的物化形态。由于服饰是介于个人与社会之间的重要一环，它既要表现自我，又要使社会认同，这不仅从一般生活方式中可以体现出来，而且可以从具有宗教性、道德性、社会政治性的活动方式中表现出来。因此，人类着装的美化，是群体生存的心理需要，并随着社会思潮和审美取向而变化，具有表现世态人心、思想倾向的先导性特征；随着地域习俗与心理观念的传承而类聚，形成各具特色的民族性特征。生活在不同地区、不同的民族则用服装的各个要素（造型、色彩、纹样等）来表达自己内在的情感，寄托自己对生活美好的愿望。如汉族的"虎头鞋"、傣族的"船形鞋"、壮族的"孔雀帽"、彝族和哈尼族的"鸡冠帽"、纳西族的"披星戴月"以及内容丰富的"吉祥图案"等，都具有深刻的民俗含意和审美取向。随着社会文化交往的频繁，民俗融合汇集而走向同化，显示出心理追求的趋同性特征。美国哲学教授巴尔在《时装的心理分析》一书中指出，服装的功能是多方面的：在生活上，是为了适用、舒适；在艺术上，是为了装饰、美观，具有独特的式样、色彩；在社会上，它反映了人们的思想、社会地位、经济条件、个人兴趣、习俗等。这种社会性心理因素还表现在羡慕并要求新颖，要求在式样上处于领先地位，要求表现形体的美，这也促进了服装式样的变化和发展。

20世纪以来，社会通过设计解决问题，对理解设计与定义的范畴已非常广泛与复杂，设计开始被视为解决功能、创造市场、促进经济发展、提升生活质量、促进社会进步与创造理想生活方式的手段。

图2-20　维斯特伍德诺借鉴传统紧身胸衣和绘画设计的时尚装。

图2-21　丰富多彩的云南彝族妇女头饰（段明明摄）。

图2-22　藏族寓意吉祥的挂饰。

图2-23　云南姚安彝族服饰有繁复寓意的吉祥图案。

第三章

服装的形态范畴

第一节 服装的基本概念

一、衣裳、服饰、服装、时装、成衣

据古籍《易·系辞》所载："黄帝、尧、舜垂衣裳而天下治，盖取之乾坤。"乾者，天也。坤者，地也。天在未明时为玄色，故上衣像天而服用玄色；地为黄色，故下裳像地而服用黄色。这种上衣下裳的型制和上玄下黄的服色，是对天地的崇拜而产生的服饰上的形和色，也是文字记载的我国最早的衣裳制度的基本形式。"裳"字也写作"常"。《说文》释云："常，下裙也。"说明古人最早下身穿的是一种类似裙子一样的"裳"。《释名》："裳，障也，所以自障蔽也。"障有保护的意思，蔽有遮羞的意思。衣裳的名称沿袭至今，泛指衣服，成为各种类型服饰的总称。

图3-1 上下连属的连衣裙。

《虞书·益稷》篇中记有："予观古人之象，日、月、星辰、山、龙、华虫作会(即绘)，宗彝、藻、火、粉米、黼、黻、絺绣，以五彩彰施于五色，作服汝明。"这里的十

图3-2 皇帝冕服，上玄下黄，绣有十二章纹饰。

二章花纹用画与绣的方法装饰于冕服上，成为章服制度的开始。在中国古代文献中，较早连用的是在《周礼·春宫》篇中。《春宫·典瑞》云："辨其名物，与其用事，设其服饰。"《汉书·王莽传中》载："五威将乘乾文车；驾坤六马，背负鷩鸟之毛，服饰甚伟。"可见，服饰一词主要指衣服及其装饰。"衣"字，在古代除了指身上的衣服，另有广义和狭义之分。狭义的衣，专指上衣，在古代，短上衣称"襦"。广义的衣，则包括一切蔽体的东西。它包括了人本身的修饰，是指人着装打扮以后的整体。"饰"以增加人的形貌和华美，包括色彩、纹样、首饰配件，甚至包括发式、妆式以及穿着方式和效果等。从文化概念上讲，服饰则是指以表达人们的心理意识为特征，以具体人为对象而与人体发生了装饰关系的装饰物，就是关于人体装饰的文化。

图 3–3　上衣下裳的时尚演绎。

服装是衣服(Clothing)的同义词和现代词，它的出现较晚，约在20世纪三四十年代开始使用。由于当时西方生活习俗的渗透，受欧洲和东洋文化的影响，国内的社会风气为之一变，合体的着装最为流行。广州、上海甚至出现了模仿欧美简便装束的摩登时装，在上海还举办了我国的首届时装表演活动。时装的形成远远早于时装概念的形成，在古代就有流行装，语言中也有"时服"、"时衣"等词汇。唐代诗人白居易在诗中反复提到的"时世妆"，即指妇女趋时之妆饰，应属于时装的整体形象。但"时装"一词，却姗姗来迟，一直到进

图 3–4　突出个性色彩的新潮时装。

图3-5　手工制作的牛仔裙在简洁中营造丰富。

入20世纪以后，才开始在我国大城市中流行开来。西方国家的时装发展可分为三个时期：中世纪及其以前社会，称为等级社会的时装流行；近世纪社会，也称市民社会时装的流行；现代社会，成为大众社会的时装流行。但时装名词的正式出现，不会早于17世纪。

时装与流行是同生并存、相辅相成的；时装是流行的一种物态化形式，流行又是时装的本质属性。在英语中时装与流行是同一词，叫做"fashion"，因为这个词是专指风尚的流行，所以在服装专业范围内通常汉译为"时装"。它泛指一定的时间，一定的空间范围内，为一定的人群所接受、认同，并互相模仿、追随的服装，也称流行服装或新潮服装。在众多的流行现象中，无论哪个时代，时装总是占最显著的位置。国际时装界把时装划分为三个层次：高级时装(Haute Couture)、成衣时装(Ready-to-wear)和街头时装(Street dress)。

高级时装，也称高级女装，法文称作Haute Coout，原意为量身定制。这类时装造型优美，用料上乘，多以手工缝合，制作精良，价格昂贵，主要在西方社会上层名媛贵妇之间流行。高级时装由法国享有国际声誉的高级时装店制作，这些时装店的经理或创建人都是一流的时装设计师。如闻名遐迩的沃斯、圣·洛朗、迪奥、恩加罗、皮尔·卡丹等，他们是时装款式的创造发明人。巴黎每年2月中旬都要照例举行时装发布会，会上由名设计师发表他们的作品，这些争奇斗艳的新款时装很快成为世界各地时装流行信息的来源。

进入20世纪60年代后，现代科学技术的发展，高速的多功能的机械设备和电子计算机在制衣工业中的应用，促进了时装的成衣化生产，最大限度地满足了社会对服装的需求。所谓成衣，是相对于量身定制的手工缝做而言的，指按国家规定的号型规格和系列标准，以工业化批量生产方式制作的服装。因此，成衣化成为一个国家或地区的工业化生产水平及消费结构的重要标志之一。

二、服装设计师与制板师

服装设计是对服装产品方案的构思与计划。这需要考虑五个条件：对象、目的、时间、地点、场合。在设计过程中，只有了解穿着者的个性、所处的环境和服装的种类，才能把握住服装设计的起始方向。服装造型设计包括服装的款式、色彩、面料、搭配等要素，具体设计时要考虑穿着对象的自然条件(高矮、胖瘦、体型、肤色等)和社会条件(职业、地位、气质、趣味等)。从事服装设计工作的人，叫服装设计师。

制板的任务是将设计师的方案变成成品，将设计师画在纸上的设计图塑造成立

图 3–6　西式礼服

图 3–7　时装设计效果图

体的衣服。从事这项工作的人称为服装制板师，如同建筑的结构设计师。

在现代服装成衣界，设计师主要负责把握品牌的设计品位，为每个季度的新产品开发点子、提出方案，把构思设想用效果图的形式表现出来。制板师是整个产品开发过程中非常关键的技术人员，他既要有雕塑家一样的艺术感觉，也要有像工程师、技师一样的精确性和各种工艺技巧。在时装界，设计师是主角，制板师是配角，但实际最终完成设计的是制板师，企业对设计师的重视和吹捧，使制板师的重要性越来越突出。服装要创品牌、上档次，企业不仅需要好的设计师，同样也需要好的制板师。可以说，在著名设计师的背后肯定有一名优秀的制板师。

三、服装效果图

效果图是服装设计的第一步，也是服装设计的最重要的环节之一。

服装效果图以绘画为基本手段，通过一定的艺术处理方法来体现服装设计师的设计构想，也是表现服装设计的造型特征和整体艺术气氛的一种艺术形式。它包括服装式样的造型、色彩、配件、衣料质感和人体穿着效果等。从效果图的功能上可分为表现成衣的效果图和表现高级时装的效果图两类。企业设计人员在绘制服装效果图时，还必须配以文字说明，如设计依据，采用的面料种类，款式、色彩等。

四、服装裁剪图

服装裁剪图指根据服装设计效果图进行的裁剪工程图设计，是用直、曲、弧线及制图符号，将款式造型分解展开成平面裁剪的一种生产用图。裁剪图根据粗细图线分为两大类，粗线（0.6cm～0.9cm）用来表示裁剪制作的结构线，细线（0.2cm～0.3cm）用于制图的辅助线、尺寸标注线、等分线等。裁剪图上必须标明：

1. 款式规格尺寸。如衣长、胸围、肩宽、腰节长、袖长、腰围、臀围等；

2. 平面制图的结构尺寸。如袖窿深、前胸宽、横领宽、立裆长等。

图 3–8 Barocco 设计的高级晚礼装。

图 3–9

图 3–10 设计师拉格费尔担任首席设计的夏奈尔时装仍保持了一贯的风格。

五、裁剪方法

目前常用的有比例裁剪法、原型裁剪法和立体裁剪法三大类别。

比例裁剪法是把一个已平面化了的特定服装造型结构图，按照一定的比例关系标出各部位的计算公式或数值，以便于人们来求证这种服装造型的最终平面结果，但图中这种特定比例关系会随着服装造型的改变而发生变化。这种按比例计算绘图来复制、传播服装造型的方式至今仍不失为一种最佳方法。

原型裁剪法是指在服装造型活动之前，首先制作出一个能反映人体个性特征或带有共性特征的原型。这些原型都是以人体的几个主要部位来划分，如胸部原型、裙原型、裤原型、袖原型等，它们只是为服装的造型设计作好前期准备，为款式设计提供依据，原型控制着整个服装造型活动的过程。由于服装造型不能一次成型到位，还必须在原型的基础之上进行二次创造。因此，原型法更适合于专业人员在服装造型设计中运用。

过去，由于传统文化的延续，我国一直使用平面裁剪法。20 世纪 80 年代开始引进日本原型裁剪法后，经不断的充实与完善，我国服装结构设计（平面裁剪）已经形成比较完整、科学的知识体系。平面裁剪比较适合于常规的、批量大的、变化少的款式。

平面裁剪过程：首先需要测量人体主要部位尺寸（或依据国家、企业标准）——依据规格尺寸，利用公式计算，进行结构制图与结构变化——加放缝份与对位标记——最后得出服装款式的样板型。

立体裁剪法起源于欧洲，并被西方人接受和运用的一种裁剪方法。它与平面裁剪法最大的区别是侧重于整体造型。裁剪过程可以直观地观察到成衣的比例、空间形态及造型效果，既能得到理想的服装样式而满足消费者的心理需求，又能启发和培养创意造型的思变能力，适合于时尚的、批量小的、变化大的款式。

立体裁剪是直接用布料在人台或人体上进行造型裁剪的方法。其间，每一条结构线的确定、布丝的方向、大头针的别法，都会影响服装的成型效果。立体裁剪可以解决平面裁剪不能解决的问题，而且非常直观地看到穿着的效果，故有"织物雕塑"之称。

立体裁剪的过程：根据款式图片初裁布料——经立体造型获取款式初型——按初型假缝、试穿——整理修改布样——拓印布样于纸样上——加放缝份与对位标记——最后得出服装款式的样板型。

总之，无论那一种剪裁方法，它的最终目的都是为了获得理想的服装结构。

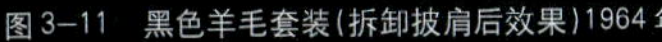

图3-11 黑色羊毛套装(拆卸披肩后效果)1964年

图3-12 精致的裁剪的灵感来源于19世纪初期的高腰线上装。

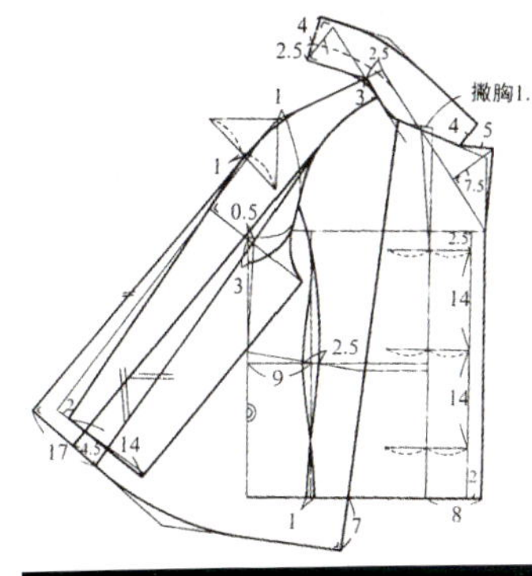

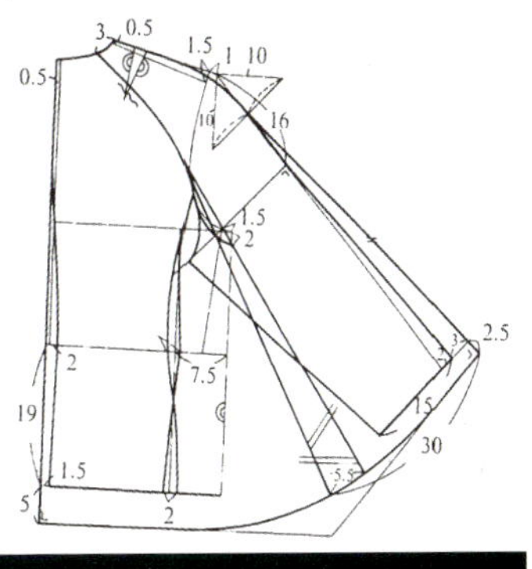

图3-13 服装裁剪图

第二节 服装的分类

现代服装纷繁多样，其形态范畴可以从不同的角度进行界定、划分。一般可按以下几个方面分类：

从时间上来划分服装的形态是常用的方法，根据一年四季可分为：春装、夏装、秋装和冬装；

从性别上同样可以分类，如男装、女装和中性服装；

从时态上还可以分为：传统服装与现代服装；

从人们活动的性质上可分为：职业装、居家服、运动服、军用服装、戏剧服装、休闲装、泳装、礼仪服、表演装等；

从年龄上可分为：婴儿服、童装、少年装、青年装、中年装、老年装等；

从材料上可分为：丝绸服装、皮革装、呢料服装、棉布服装、化纤服装、毛料服装等；

从生活上可分为：内衣、衬衣、浴衣、外衣和时装等；

从服装的结构样式可分为：腰衣式、贯头式、袈裟式、缠绕式；

从设计用途上一般可分为：实用服装设计、职业服装设计和艺术服装设计三大类。

此外，还有中式服装、西式服装、民族服装、宗教服装，以及上装、下装、套装等分类。任何分类方法总是相对的、有限的，它所提供给人的只能是一种相对的界定和提示。

图 3–14　巴黎高级成衣装简洁、适体。

图 3–15　Laurent 设计的晚礼装

一、实用服装设计、职业服装设计和艺术服装设计

1. 实用服装设计

实用服装设计指以消费者穿用为目的的设计，侧重于设计的功能性和实用性，注重于追求应用的美。实用服装的应用范围很广，包括了所有的社会阶层的穿用与不同场合的应用。如晚礼服在平时不宜穿着，而在特殊的场合中却能显示出它特殊的功能；泳装，也只有在游泳时才能穿用；而休闲服则主要在假期和旅游时才穿用。设计这一类实用服装时，必须考虑 TPO（时间、地点、场合）以及目的、对象的年龄和职业等因素。

2. 职业服装设计

职业装，顾名思义，是标明职业特征同时又是用于工作时间的服装。它包括外交会议、经贸谈判、办公室、科研室、学校等的特定着装，还包括酒店、商店、交通行业的特色着装，其范围覆盖面很大。随着规范化和 CI（企业形象设计）意识的加强，具有标示作用的职业装最能确立企业鲜明的形象，有助于行业或具体某公司在竞争中树立深入人心的个性形象。因此，设计职业装时应考虑：

（1）功能上的实用性，包括社会标志鲜明、行业操作便利；

（2）形象上的审美性，包括体现行业精神风貌、表现职业美感、反映时代和民族文化。

3. 艺术服装设计

艺术服装设计是以提高设计师设计水平为目的的设计，通常也被称为创意性服装设计。这类服装设计可以表达设计师的意念与追求，是表现设计师的能力与才华，显示设计师标新立异的思想，树立设计师个人形象的手段。在设计创意性服装时，设计者为了表现自己的个性与风格，可以将自己的设想不受任何约束地、痛痛快快地在设计中自由发挥出来。因此，它不受应用目的的限制，也不受材料和工艺手段的局限，只要能穿在人体上，都可以是设计师创作的作品。世界上许多著名时装设计师往往通过时装展示会，发表他们设计的具有个人艺术风格的创意作品，从而奠定

图3-16　维斯特伍德设计的晚礼装。

图3-17　简洁轻松的青年装设计。

其在时装界的名师地位。目前较为常用的创意形式有：

（1）主题性设计：围绕一个限定性的主题进行创意设计。

（2）风格性设计：树立一种有明显特征的创意设计。

（3）情绪性设计：赋予强烈个性因素的创意设计。

（4）前卫性设计：以标新立异为目标的创意设计。

（5）商业性设计：围绕商业运作和经济效益为目标的服装创意设计。

二、上衣与外套的常用类型

1. 西装

西装又名“西服”。男式三件套西装大约在19世纪中叶产生，20世纪初，职业妇女也开始穿着西装。男式西装通常由驳领上装、西裤、衬衫和背心组成，女式西装一般包括上装和裙子或背心、衬衫和裤装等。按制作工艺可分为定制西装和成衣西装。西装钮扣有单排钮和双排钮，有一粒扣、两粒扣或三粒扣。按驳头造型不同，又可分为平驳头、枪驳头等各种式样的西服。西

图3-18　充满浪漫情怀的休闲装。

图3-19　活泼可爱的童装设计。

图3-20　运用直线与曲线对比的中性装设计。

图3-21　经过磨旧、毛边等处理的另类的牛仔裤，搭配带来阳刚之气的男装。

图3-22　高尔夫球职业装

装有两件套（上装、西裤）、三件套（上装、西裤、马甲），从产生至今其外轮廓造型基本不变，如有变化则主要集中在局部细节上。西装是衣着史上最具生命力的服装大类。

2. 中山装

中山装是根据孙中山先生曾经穿着过的立领、贴袋式衣服改制而成。款式的构成是通过点、线、面的有机结合与运用体现出来的，以面为主。五颗钮扣依附于对称的中轴线等距排列呈一条直线，不给人过分的跳跃或流动感。这正是中山装在款式设计上的独到之处。在我国，中山装已成为固定的格式，由于造型端庄、整齐、美观、大方，成为男子的主要服饰之一，也可作为礼服穿着。

3. 猎装

猎装原是借鉴打猎时所穿的服装而设计，故名。款式特点是做背缝，开背衩，翻驳领；口袋较多，有贴袋式，也有插袋式，腰间系腰带，单排钮、双排钮均有，并缝有肩绊、袖袢等装饰。猎装有短袖和长袖之分，又有夏装和春秋装之别。

4. 茄克衫

茄克衫又名“夹克衫”。茄克为英文“Jack”的音译，是短上衣的总称，指前开襟式和带有袖子的上衣。其式样变化较多，无固定格局，造型特点是没有下摆，上身蓬鼓，腰部腹部束紧，袖口也有松有

图3-23　西式女装依然典丽。

图3-25　夏奈尔品牌时装

紧。款式有拉链式、揿扣式、普通开门、搭门式。女式夹克衫还可做作各种形式的分割。用皮革制作的称“皮茄克”。

5．T恤衫

T恤衫，英文“T-SHIRT”。原是一种针织圆领套衫，其外形似英文大写的“T”，而称为T型衬衫，是夏装的主要服饰品种之一。

6．牛仔服

牛仔服原为美国人在开发西部的黄金时期所穿着的一种用帆布制作的上衣。其面料多用坚固呢制作，有耐磨、耐穿、耐脏等特点。款式有牛仔茄克衫、牛仔裤、牛仔衬衫、牛仔背心、牛仔马夹裙、牛仔童装等。现已成为全球性的定型服装，令人深思的是以对时装的反叛而兴起的牛仔装，最后本身却变成了不断演化和变化的时装。

7．大衣

大衣指上下连在一体，穿在一般衣服外面的外衣，有短大衣、中大衣和长大衣之分。其主要品种有毛呢大衣、棉大衣、裘皮大衣、皮革大衣等，多为冬季穿用。

图3-24　欧式风格的少年装设计。

图 3-26　三宅一生的设计风格，表现出精致而有韵律之美。

图 3-27　充满浪漫情怀的休闲装。

三、裙装的基本类型

服装中的款式，最富有魅力且变化又多的要数女裙的设计。中国历代服装千变万化，从型制上看，无非为上衣下裳和上下连属两种型制。上衣下裳的裳指的就是裙；而上下连属则像今天的连衣裙。我国古代的裙，不分男女贵贱。现代服装的潮流风起云涌，裙的式样变化可谓多姿多彩，尽显美丽。在服饰发展史中，有许多时装设计大师，因设计女装而蜚声全球。1991年，三宅一生曾设计了一款名为哥伦布的长裙，这袭长裙实际上没有缝纫，所有布片由揿钮组合在一起。他最新的服饰系列A-Poc，意为"衣服中一片"，体现了当代社会的多变性和偶然性，以及人们对自由的渴求，也使裙装成为因人而异，独一无二的布片"零件"，可由穿着者任意组合。其创意，令人赞叹不已。裙子的名称可以根据所采用的技术及构造特点命名，现将主要的裙装款型举例如下：

1. 背心裙

背心裙又称"马甲裙"。指上半身无领无袖的背心结构的裙装。搭配时内穿衬衣，造型简洁、清爽，给人以青春靓丽，但又不失文静朴实的感觉。

2. 背带裙

背带裙下面是各种各样的裙子，上面配以可宽可窄的背带，穿着时利用背带把裙子吊起，方便、实用。另有一种吊带裙，它和背心裙不同在于吊带较窄短，在盛夏季节穿着，凉快、舒适。

图 3-28　传统的西服也被赋予了休闲的含义。

3. 斜裙

斜裙又称喇叭裙。指从腰部到下摆斜向展开成三角形的裙子，裁剪时根据腰围和裙长而定。按裙片的组合结构，可分为两片式、四片式、六片式等多种。斜裙斜的程度可以控制下摆浪势的大小，如60度裙、

图 3—29　韩国首尔的时装店陈列的实用装设计。

90 度裙、180 度裙等。由于斜裙下摆动势明显，穿着时有苗条修长的感觉。

4. 鱼尾裙

鱼尾裙是指裙体呈鱼尾状的裙子。腰部、臀部及大腿中部适合人体的曲线造型，往下逐步放开下摆展开成鱼尾状。鱼尾裙多采用六片以上的结构形式，如六片鱼尾裙、八片鱼尾裙及十二片鱼尾裙等。这种裙制，能把女性丰满，充满曲线美的体态表露无遗。

5. 超短裙

超短裙也称迷你裙，指长度在大腿中部及以上的短裙。其型制可分为紧身型、围合型、喇叭型和打褶型。1970 年美国著名高尔夫球和网球女运动员埃弗雷特和鲍吉，穿着下面扩展成扇形套衫(pullobeur)的超短裙参加比赛，从而引发了妇女运动服的革新。由于超短裙的轻盈、活泼，能充分显露女性下肢的健美体态、活动灵活自在，所以一经问世，就受到西方妇女的欢迎，其长短往往成为流行的晴雨表。

6. 褶裥裙

褶被裥裙指在裙腰处打褶的裙子。根据褶子的设计不同而分为可大可小、可多可少的碎褶裙和有规则的褶裙。贵州苗族的百褶裙堪称这种裙制的精品，裙子上下褶纹连贯协调而富于变化。三宅一生也曾设计出经典的裙装褶子，而被誉为皱褶艺术的时装大师。

7. 塔式裙

塔式裙又称节裙。裙体以多层次的横向裁片重叠相连。因其裙片由多节组成，逐节放大，上小下大形如宝塔而得名。根据其层面的分布，可分为规则塔裙和不规则塔裙。

8. 简裙

简裙又名统裙、直裙或直统裙。其造型特点是从合体的臀部开始，侧缝自然垂落呈筒状。居住在我国海南岛的黎族妇女，喜穿无褶筒裙，有长筒裙和中筒裙之分。裙上织绣有几何形的图案，非常精美。

9. 西服裙

西服裙又称西装裙。它通常与西服上衣或衬衣配套穿着。常采用收省、打褶等裁剪方法使腰臀部合体，长度在膝盖上下变动，为便于活动，多在前、后打褶或开衩。

10. 连衣裙

连衣裙指由上衣和裙子合成一体构成的裙装。种类繁多，在裙式造型中被誉为“款式皇后”。连衣裙可以根据造型的需要形成各种不同的廓型、确定不同的腰节位置。几乎所有的装饰方式都可以根据需要用在连衣裙上。因其造型美观、秀丽，适合各种层次的妇女穿着。

11. 旗袍

旗袍其主要结构为立领、右大襟、紧腰身、下摆开衩等。最早始于清朝的旗人着装，后经改良，裙子的腰部紧窄，臀围部位宽出，下摆又较窄，裙子造型更加符合东方人的体型特点，优美流畅，用料省，裁制简易，有一种东方民族独特的韵律之美。

12. 套装

套装分为裙式和裤式两种。裙式的套装多种多样，有西服式套装、制服式套装等。一般上衣短则裙长，上衣长则裙短，裙有一步裙、筒裙、八块瓦裙等。套装已成为女性一年四季常穿的款式。

13. 晚礼装

晚礼服指夜晚社交场合中，女士所穿着的华丽裙服。西式晚礼服选料上乘，色彩光感强，具有极强的“独特性”和“排他性”。款式多采用袒胸露背长裙式，展现着装者的端庄大方、潇洒优雅，有强烈的表现性和雍容华贵感。

图 3–30

图 3–31 运动装

图 3–32 职业西服

图 3–33 茄克时装

图 3–34　上下相连的中长大衣

图 3–36　传统的喇叭裙

图 3–35　夏奈尔裙装的典丽与时尚。

A SERIES OF DRESS DESIGN

图 3–37　优雅流畅的一步裙

图 3–38

图 3–39　最具女性魅力的晚礼服

图 3–40　层次丰富的塔式裙

图 3–41　富丽优雅的灯笼裙，雍容华贵。

图 3–42　青春浪漫的公主裙

图 3–43　苗条优美的鱼尾裙

第四章

服装造型设计

第一节 服装的造型要素

服装设计属于艺术设计的范畴，因而，服装设计的构成元素与艺术设计中的构成元素有许多共同之处，而且运用这些构成元素进行设计时所遵循的形式法则都是相通或相似的。服装造型设计主要是对服装的款式、色彩、面料的设计。服装造型元素，即视觉元素都是由点、线、面、体、材质、肌理等要素构成的。但由于具体设计所涉及的材质和特定的空间不同，而在具体的表现方法上又有一些特殊的视觉效果。因此，理解和掌握这些造型要素的基本性质和作用是服装设计之基础。

一、点在服装设计中的运用

点，是造型设计中最小的元素，是具有一定空间位置的，有一定大小形状的视觉单位，同样也是构成服装形态的基本要素。在服装造型中，最显著、最集中的小面积都可看成点。点在服装中主要表现为领子、口袋、钮扣、服饰结、胸花、首饰等较小的形状。由于点突出、醒目、有标示位置的作用，因而极易吸引人们的注意。点在设计中用得恰如其分，可以达到“画龙点睛”的视觉效果，如运用不当，则会产生杂乱之感。不同大小的点组成的图案或形成的面料，由于排列、大小及色彩对比程度不同，因而产生的艺术效果也不一样。如大点有活泼、跳跃之感；整齐排列的小点，则使点的表现力削弱，而形成面的感觉，有文雅、恬静之感。总之，点作为最小的可视形态，设计服装造型时应注意点的视觉位置的排列，注意整体与局部的关系，注意产生视觉美感的秩序法则的运用。

1．纽扣和盘扣

大多既具有使用功能也有装饰的作用，有的纽扣纯粹只起装饰的作用。如西装袖口的三颗扣子，虽已失去实用功能，但认知功能依然存在，并演化为美的符号，若缺少它，也许人们就不会承认这是地道的西装。

纽扣作为点，在服装上装饰部位最普遍的是门襟扣，其次是袖扣、肩扣、腰扣、领扣、袋扣等，有大小、形状之差异。不同纽扣的点的排列，能产生不同的视觉美感，一般按等距尺寸排列，如用双排扣在门襟对称排列，会使服装产生安定、平衡之感；而用单排扣装饰于门襟的中心，虽也是对称排列，但显得比较轻盈、简洁。偏襟扣属于不对称形式，却有整洁、活泼之感；如只用一粒扣子做装饰，则一定要选制

图 4-1　黑白不规则的散点轻松而自由。

图 4-2　腰间的花朵成为服装设计中具有视觉美感的点。

图 4-3　钮扣点的设计既实用又单纯醒目。

图 4-4　五颗钮扣点与手套上的四个点醒目而相互呼应。

作精美的大纽扣以强调衣着重点的装饰部位。因此，有意识地在服装上采用与之相适应的纽扣，能增强服装的装饰效果及整体美感。具有我国独特民族风格的服饰盘扣，近年来也风靡一时。盘扣的种类很多，常见的有蝴蝶盘扣、蓓蕾盘扣、缠丝盘扣、缕花盘扣等。盘扣作为点，缀在不同款式的衣服上有着不同的服饰语言。立领配盘扣，有 20 世纪 30 年代女装那种含蓄和典雅之美；低领配盘扣，洋溢着 20 世纪 70 年代"小芳"们那种浪漫和娇俏。还有短袖盘扣、斜襟盘扣、对襟盘扣，就连后开衩的直筒连衣

图 4-5　非对称的点与面的对比引人注目。

图 4-6　排列整齐的圆点，犹如繁星丰富而有变化。

裙也点水似的缀上几对欲飞未飞的"蜻蜓"。点的作用可见一斑。

2. 服装面料上的点图案

在服装造型中，以点设计的图案面料，应用也很广泛。点的大小、疏密、色彩、位置及排列的不同，所产生的视觉效果也有所不同。小点子图案显得朴实大方，适合于采用类似色或对比色的配色，多用于镶边、腰带或围巾、领带等。大点子图案有流动、醒目的感觉，适合于下摆宽大，有流动感的式样，处理得好，能产生别致的节奏韵律感。此外，面料中的动物图案及各种风景纹样都可视为点的表现。

二、线在服装设计中的运用

服装的造型是通过线条的结合而形成的。线的特性，在几何学上只具有位置及长度，而不具有宽度和厚度，但在造型艺术中，线同时具有位置、长度、宽度的性质。它具有方向性、轮廓性和灵活性特征，从形态上讲，它包括直线、曲线和任意线等。线的方向性、运动性以及特有的变化性，使线条具有丰富的表现力。线既能表现动感又能表现静感，而时间感和空间感则是通过线的延续性来完成的，空间形态的各异，正是线条性格的不同所产生的效果。

服装设计就是运用线的不同性质特点，构成繁简适当、疏密有致的形态。线条的使用在于利用眼睛的视觉、错觉，创造比例、平衡、旋律、强调、调和、趣味美感。其中，服装的内结构线是指服装的各个拼接部位，构成服装内在形态的关键线条，主要包括分割线、省道线、剪接线、褶裥线、装饰线、轮廓线等，线的长短受服装造型结构的影响。各类服装款式所表达的情趣都是通过线条的具体组合排列而形成的。线在服装造型中既能构成多种形态，又能起到装饰和分割形态的作用，运用缝接线、衣褶线、省道、装饰线和轮廓线、边饰线来组织线的繁简、疏密，可以增强韵律美与层次感。分割线在外观上能使各部位的比例发生变化，当不同性质的线(竖线、横线、斜线、曲线)分割一个面的时候将会产生不同的视错效果。服装的分割既能明确造型，又能确定款式基本骨架；利用分割既起到间隔作用又有增强层次的

图 4-7 对称而富有变化的色线。

效果。

线有粗、细、曲、直之分。人的生理及审美经验告诉我们，横线给人以平稳感，竖线给人以挺拔感和力量感，斜线有不稳定感。直而粗的线表现男性的强有力的感觉，直而细的线则表示锐利、敏感、快速之感，曲线则表现女性的活泼、流畅、温柔和丰满的感觉。从粗到细的线表示方向，综合性的线给人以联想。在服装造型中，直线一般用于男性服装，曲线用于女性服装。带有方向性和综合性的线，则是装饰用线。

设计时，一般我们利用线可分割视觉的特点，根据人的体形进行造型，服装自身有长度、宽度、深度的变化(即构成三维空间)，在空间中运用线的分割塑造形体，构成了服装造型丰富多样的形式。

分割线首先是为了达到丰满而优美的造型轮廓，美化起伏变化的人体曲线而产生的。因此，针对体型过胖或过矮的人应采用竖线分割，由于竖线条能引导视线向高处移动，使人感觉线在向上延伸。因此利用视错原理，穿上裙子或有竖线条花纹的衣服能使矮个子妇女体型增高。傣族妇女之所以显得修长而苗条，是因为她们的裙子除了细长之外，最主要的是裙腰比汉族高出许多，腰节线的提高使体型有变高之感。特瘦或过高的体型，最好运用横线分割，因横线会产生左右扩张的视觉效果，具有宽度之感。线条越粗，着装效果显得越粗犷、豪放、鲜明、强劲，心理学家称之为“肉体的自我扩张”。横向的装饰一般常用的有垫肩、肩章、肩襻以及在肩部或背部、胸部等加横线条装饰，使肩和胸有变阔的感觉，这在男性的服饰中应用较多。曲线在服装设计中常用于礼服、裙装等服装的装饰边及波浪线，可表现优美、轻盈、温柔、节奏的美。横条格子的面料当宽度相同、间距一致时会产生宽度感，而横条由粗变细、间距由大变小的面料制成的服装则会产生相反的效果，产生长度感。

值得注意的是，分割线也称开刀线，是用于服装的装饰线条，需要与省道结合后，才能在人体多曲面的立体形态上发挥其线条的特性和风格。省道的运用，能使平面的衣料构成立

图 4-8

图 4-9　不同方向的线，产生错觉现象，极富变化与活力。动用领式的线条变化，营造服装视觉中心。

图 4-10　竖线条使体型有变高的感觉。

图 4-11　剪纸造型的线条，凸显玲珑剔透的空间感。

图 4-12　白色衣缘线与黑色面的对比，对称而有变化，以表现结构之美。

体的造型，从功能上说，能达到合体的目的，尤其是表现女性人体的胸、腰、臀的厚度，使胸丰满，腰肢纤细，形成曲线美的自然特征。因此，用平面的布料塑造人体的立体形，只有借助省道与分割线的组合才行。

在服装设计中按比例、均衡的美学法则，恰到好处地运用线条的变化与创意性的收省方法可以形成千变万化的服装款式，创造出优美适体的着装。

三、面在服装设计中的运用

面，是造型设计的又一个重要要素，是一个二维空间的概念。所以，它有一定的幅度和形状，如正方形、三角形、圆形、不规则形等；从动态看，面是线在空间移动的轨迹。

服装造型常把衣服视为几个大的几何面，有平面、曲面，有规则形状的面和不规则形状的面，如前衣身、后衣身、拼接面、大贴袋等。这些面按设计要求组合起来，构成了服装的大轮廓，然后再根据服装的功能和装饰的需要，作内部块面分割，同时也要考虑服饰图形与色彩块面的分割。

在服装造型中，平面几何形是服装造型的主体，正方形、长方形、三角形、半圆形、圆形、梯形和异形等都是面的不同形状。面的作用在于分割空间，面的表情主要依据面的边缘线而呈现。突出的是运用线和面的变化分割造型，运用服装的裁片分割部位，造成肩、袖、领、

图4–13　利用色彩的块面对比可以突出设计的重点。

图4–14a　单纯的黑色块面，产生简洁明快的视觉效果。

前片、后片等各部位的大小比例变化，力求达到最佳的比例，以活跃式样的造型变化。在欧美地区，面的边缘线又被称为"风格线"，因为它可以影响服装风格的形成。另外，领、袋、腰带等部件也是式样上装饰与实用兼备的小面块，它们的不同变化与分布，对式样的造型同样有着不能忽视的影响。

从点、线、面在服装中的表现形式来看，它们不但具有一般构成要素的装饰作用，还应具有实用功能，即具备服装立体造型所需要的结构性。例如口袋的大小、位置的设计必须要考虑穿着者使用是否方便，是否符合功能的需要。只有把这些功能要求与视觉效果协调一致，才能达到既有功能效果又有形式美感的双重标准。

因此，在服装造型设计中，应注意体现比例、均衡等美学原理和实用功能相吻合。在实际运用中，点、线、面的综合运用，应有所侧重，或以面为主，或以线为主，或把点突出。只有单一要素的变化没有其他要素的呼应，不可能有真正丰富多样的效果；只有单一要素的一致而无其他要素的协调，也不可能有真正的统一。所以，在服装设计中，应在整体的统一中求得各要素的变化，在各要素的变化中求得整体的统一。了解这些道理有助于我们在服装造型设计中加以灵活运用，切忌点、线、面的杂乱堆砌。

图 4-14b　单纯的黑色块面，产生简洁明快的视觉效果。

四、服装设计中的"空间感"

服装的"空间感"，是近代著名服装设计师提出来的一个重要概念，也是服装设计中重要的美学原理。现代服装设计在构成意识上，很重视考虑服装构成的空间效应，它包括量感、触觉感、节奏运动、线条、光影、色彩等。当然，现代服装在立体空间造型上更重视服装同人的协调，是因为服装设计的基础是人体。服装设计，基于对象的形体诸如高矮胖瘦、凹凸、空间比例，通过平面组合面料，进行片裁，形成吻合于对象形体的外部特征。比如，袖子与肩块面料的投合，领围与脖子的配合，其实质上与立体构成的雕塑有"空间构想，空间塑形"的类似关系。就服装的立体状态而言，具有长、宽、高三方面要素，构成塑造完整的形象所要考虑的三个方面，称为"三度空间"。只有强调立体的"型"和"空间"，方能创造出前所未有的特殊织物，产生特别的视觉效果，让布料呈现多姿多彩的立体空间。我们可以借鉴雕塑、建筑的体积和造型特征，通过在材料上开发、创

图 4-15　强调颈肩的空间视觉效果的设计。

图 4–16　新奇的造型，强化服装的雕塑感。

图 4–17　挂片的光面折射出空间的不同变化。

新和运用，在服装和服饰上夸张某些部分，增加其形体和内外空间，使作品标新立异。同时，衬托显现人体的部分，构成视觉反差对比，达到增加服装内涵和强化服装形象美的目的。

服装通过夸张、变形，不单单是织物本身所表现出来的立体感，不可忽略的还有服装本身的结构。特别是版型，将布料与人体完美地组合，表现人体自然的立体曲线，创造出无限自由的设计空间。服装是随人体的运动而变化的，具有动态的模糊性，这种动的体态变化，充分体现了服装的外型特征和服装的合体性特征。

图 4–18　以夸张的立体感裙装衬托人体的曲线之美。

第二节 服装的廓型设计

服装设计包括款式、面料、色彩三要素。其中款式设计即指服装廓型的变化和整体造型。

廓型，又称轮廓线或造型线，英语Silhouette，意思是侧影、轮廓，具体来说就是黑色影像，是服装被抽象化了的整体外型。美籍德国心理学家，艺术理论家，阿恩海姆在《艺术与视知觉》里写到："三维物体的边界是由二维的面围绕而成的，而二维的面又是一维的线围绕而成的。对于物体的这些外部边界，感官能够毫不费力地把握到。"服装作为直观形象，呈现在人们视野里的首先就是剪影一般的轮廓

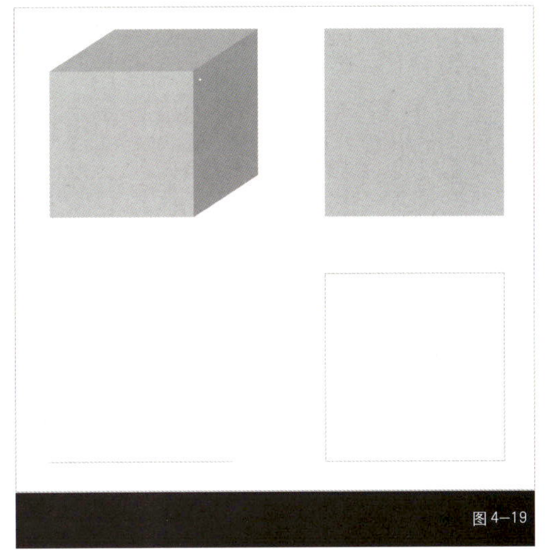

图4-19

图4-20 H型套装

图4-21

图4-22

图4-23 流线型晚礼服

图4-24 合腰下摆收敛塔型廓型

图4-25 合腰下摆张开廓型

服装外型轮廓种类举例

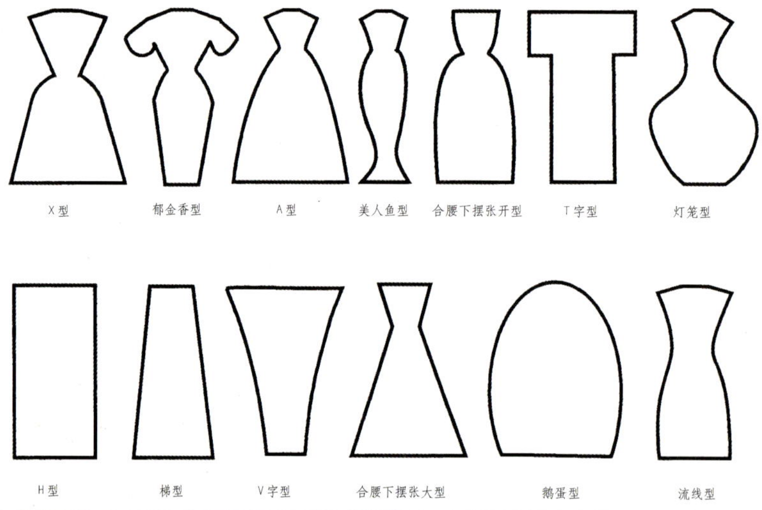

图4–26

图4–27 A型廓型

特征——外形线。

服装的造型是由轮廓线、零部件线、装饰线及结构线所构成，其中以轮廓线为根本，它是服装造型之基础。轮廓线必须适应人的体形，并在此基础上用几何形体的概括和形与形的增减与夸张，最大限度地开辟服装款式变化的新领域。一件衣服可以根据人体的特征抽象为长方形，也可抽象为梯形、椭圆形等。

服装设计师，必须具备丰富的想象力和独特的创造力。就造型而言，首先表现在设计时，对于服装“廓型”的构思上。世界服装史上有许多著名设计师的创作都是先从抽象的廓型而到具象的设计的。被称为20世纪最伟大的服装设计师之一的克里斯蒂恩·迪奥便是其中的典型，他在1954年秋冬推出了一款女装设计，不强调胸、腰、臀三围曲线，整个外观是字母“H型”，因此定名为“H型”廓型；到1955年迪奥又创造了“X型”、“Y型”、“F型”等式样，标志着服装“纯粹外形线”设计思想的形成，他对现代时装发展的贡献，具有划时代的意义。所谓外形线指的就是服装的外轮廓线，它反映了几千年来人类服装款式发展的轨迹，和时代崇尚息息相关。服装的外形线不仅表现了服装的造型风格，而且是服装设计诸多因素中表达人体美的主要因素。具体而言，主要通过支撑衣裙的肩、腰、臀等部位来实现。其变化的主要部位有：肩、腰、围度、底摆。

对新造型的渴望与追求，表现在外形线的变化上，往往可以窥探出流行风格的变迁和世界时装潮流的演变。可以说，外形线条决定了设计的主调，如20世纪50年代末流行的“弯曲线条”(Curved Line)、“蘑菇线条”(ChamPignon Line)；20世纪60年代流行的“倒脚杯外形线”和近年来流行的“圆滑倒三角外形线”等，可以说都是迪奥外形线设计思想的继承和发展。

就设计师而言，由于对人体的观察角度不同，对廓型的构思也不同。从立体形的角度说，它可以概括为“圆柱体”、“正圆椎体”和“倒圆锥体”，也可以概括为“葫芦形体”等基本形。在此基础上，还可以运用多形体的组合、套合、重合、增减，方圆体的转换组合等现代立体构成的基本方法来变化服装立体的基本形。

从平面的角度说，服装的基本形可概括为H型、A型、V型、X型、Y型等类别，同样可以运用现代平面构成的原理，运用组合、套合、重合，运用方圆与曲、直线的变化和渐变转换、增减形变化等，改变服装的外形。尽管服装外形变化较多，但它必须通过人的穿着才能形成它的形态。服装是以人体为基准的立体物，是以人体为基准的空间造型，因此必然要随着人体四肢、肩位、胸位、腰位的宽窄、长短等变化而变化，即受人体基本形的制约。从服装史中可以看出，轮廓线的变化是丰富多彩、千姿百态的，但归纳起来无非是两大类，即直线型和曲线型。直线型有H型、A型、T型、V型等，曲线型有X型、S型等，而且都已成为当前时装设计的典范。其他廓型都是在这些廓型的基础上演变或综合它的特点进行设计的。这里将目前较为流行的廓形分述如下：

"H"型　整体呈长方形，是顺着自然体型的廓型，通过放宽腰围，强调左右肩幅，从肩端处直线下垂至衣摆，给人以轻松、随和、舒适自由的感觉。

"A"型　主要是通过修饰肩部，夸张下脚线形成的，由于A形的外轮廓线从直线变成斜线而增加了长度，进而达到高度上的夸张，是一般女性喜闻乐见的，具有活泼、潇洒和充满青春活力的造型风格。如无袖连衣裙，婚纱类服装等。"V"型与"A"型廓型正好相反，也称三角形，一般裙脚收细，强调肩宽是这一廓型的特征，体现潇洒、威武的个性，深受男士喜爱。为了追求其洒脱、奔放的风格，体现自己的个性和时代感，女装也采用男性化的造型。

"T"型　强调肩部特征。轮廓线具有庄重、健美、力量的象征，而且还有大方、洒脱的气概，适合男子穿着。

"X"型　这一廓型的特点是强调腰部，腰部紧束成为整体造型的中轴，肩部放宽，下摆散开主要突出腰部的曲线。这种造型富于变化，充满活泼、浪漫情调而且寓庄重于活泼，尤其适合少女穿着。

"Y"型　强调肩宽，臀线以下急遽收拢呈贴身线条。两件套穿着时，下装多配超短裙、健美裤等，具有庄重、大方、洒脱的特征。

腰鼓型　状似竖立起来的腰鼓，中间膨胀两头较小。此廓型多为隆起式的连衣裙。1990年流行的蚕茧式的设计，即属此种廓型。

火炬型　主要通过上衣下装的搭配来体现，宽而短的上衣与窄裙相配，是这一廓型的装饰典型。在设计时，要求肩线自然，裙摆要紧束收拢才能达到较好的效果。

喇叭型　廓型整体呈上紧下松的喇叭裙，裙摆可大幅地展开。其特点在于裙摆的处理，上身和腰线不甚强调，显得自然潇洒。

郁金香型　整体的装饰造型像一支含苞欲放的郁金香，流行的一步裙就是这一廓型的典型款式。

葫芦型　由两条对称的曲线构成，有上大下小和上小下大两种形式。适用于女性服装，我国民族服装中的旗袍就是采用这种廓型。

鹅蛋型　圆浑的肩膀向下摆慢慢收窄，形成椭圆形的轮廓。由于廓形呈外弧线，有一种膨胀和扩张的感觉。

总之，轮廓线不仅体现服装的造型风格，而且是服装设计诸多因素中表达人体美的主要因素。尤其是对支撑衣裙的肩、腰、臀的主要人体部位进行夸张或强调，能获得新的发展和突破。由此可知，服装造型对人体的装饰，起着决定性的作用。

第三节　服装的部件设计

服装的造型设计作为一种视觉形态，是由服装的外部轮廓线和服装的内部分割线以及领、袖、口袋、钮扣和附加饰物等局部的组合关系所构成的。这些造型要素各具所长，在不同的交错运用中，其式样所表现的特征及立体效果都会各异。

在服装设计中，一般将覆盖人体躯干之外的部分称为部件，如领部、袖子和口袋称之为部件设计。将纽结、饰件、配件、首饰等大量的装饰物或装饰与实用相结合的物件称为配饰设计。

一、领形的设计

衣领是突出款式的最重要的部分，因为它非常接近人的面部，处在视觉中心。所谓"提纲挈领"，正是道明了领子是衣服的关键。服装的衣领主要分为有领和无领两大类。有领的可分为关门领（如立领、翻领）和开门领（如驳领）。无领的衣领只有领线而没有领子（或领面），有领的衣领既有领线又有领子。设计衣领时主要考虑人的脸型、颈部特征、领型及服装的整体效果。立领使人显得庄重，无领服装使人显得活泼，驳领使人显得潇洒。由于领线的形状、领

图 4—28
图 4—29
图 4—30

子的形态的不同及穿着者不同，使服装产生不同的装饰效果。

立领：领的开门变化（中开、旁开、侧开、后开等），开门位置的变化（长短变化），领形变化（宽狭、方圆）、高低变化、大小变化、领边变化、领基及领基深浅变化还有扣门方式的变化，开、封、扣、结的变化。

翻领：开门变化、开门深浅变化、翻领大小变化、领尖形象变化、角度变化、领的宽狭变化、领边及长短变化、领边曲直变化、领基大小变化等。

无领：开门位置变化，开门方式变化，结扣变化；领形的宽狭、深浅、方圆、曲折变化，领边变化。在此基础上，掌握基本领型，运用串口变化规律举一反三，可以推出许多装饰样式。

从领的造型看，其基本形式又可分为对称式和平衡式两种：（1）对称式，常见的对称式衣领有企领、平领、方领、圆领、翼领、玳瑁领、V 形领、披肩领等，显得庄重、稳定、严整，多用在正规的礼服上，如我国古代袍服的圆领，现代中山装的衣领等。（2）平衡式，主要有对襟领、对胸领、披肩领、西装领等。由于其不对称的特点，故有生动、流畅、活泼、自由的艺术效果。而在设计中，它也较少有局限性，有更多自由发挥的余地。

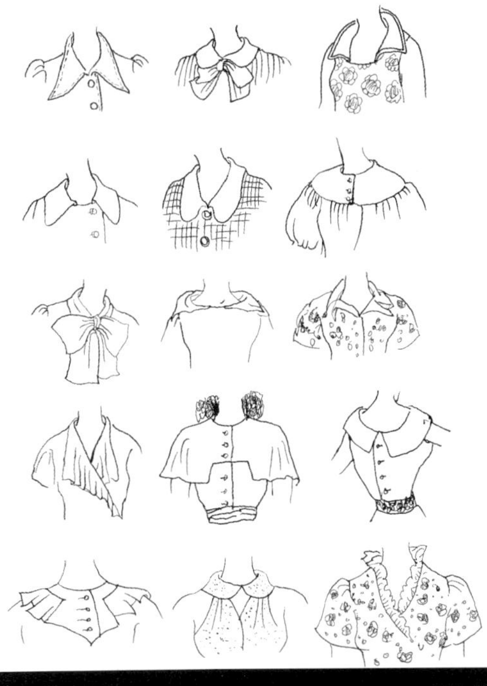

图 4–31

二、袖形的设计

袖子在服装造型设计中占有重要的地位。它是根据人体上肢结构及运动机能来造型的。设计时主要考虑季节的需要和服装整体造型的协调。为了突出严谨大方的风格多选用装袖，为了表现轻松温和就采取连袖，同时也常用灯笼袖、柠檬袖表现可爱、轻松，用喇叭袖表现凉爽与优雅。此外还有披肩袖、斗篷袖、套袖、沉肩袖等。

袖型的变化包括袖口的大小、宽窄、粗细和袖口形的变化；袖笼宽窄变化、袖褶变化；开口方式、开口位置、开口长短变化；袖的长短变化、袖连肩变化、袖边形式变化等。尽管局部的领和袖的形象装饰变化很多，但都要统一于服装整体的变化，包括整体的呼应与装饰的协调。

三、口袋的设计

口袋是服装式样构成内容之一，在服装设计中具有实用和装饰功能。不同式样的口袋有不同的名称。常用的有袋布贴缝在衣片上的"贴袋"；有将衣片剪开，用挖缝方法制成的"挖袋"；或缝在衣、裤两边的"插袋"；也有在贴袋的袋布中再做一只挖袋，将两种衣袋形式混合在一起，一袋两用，称"挖贴袋"四种形式。袋形的设计，包括袋口变化、明暗变化、袋形形象变化、袋形结扣变化；口边曲直变化、口袋位置变化、袋口横竖斜角度变化；还有袋形边饰、袋形饰线变化、袋盖变化等。

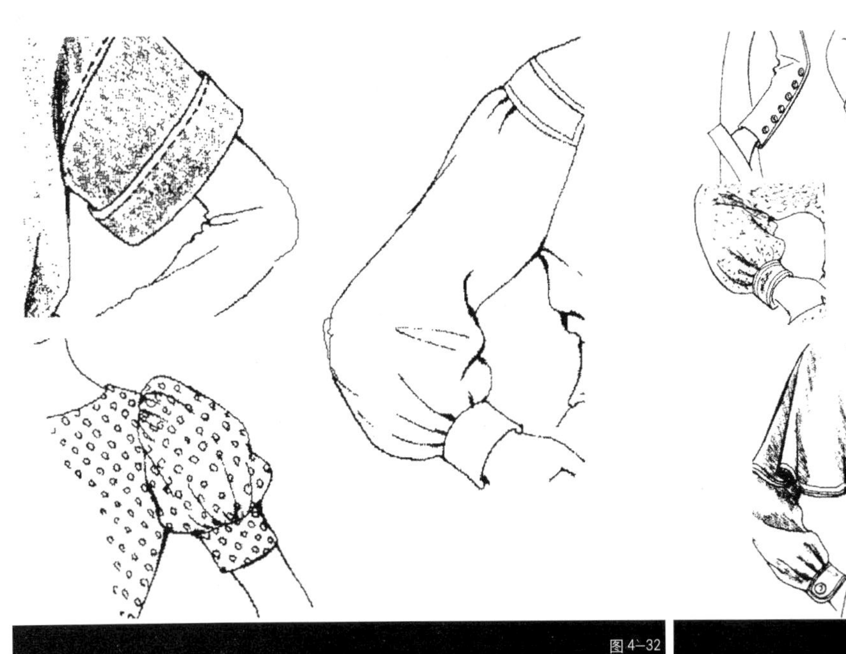

图 4–32

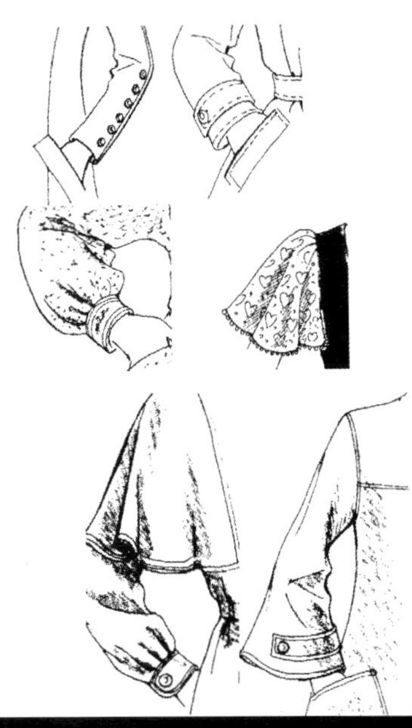

图 4–33

第五章

服装设计的载体——面料

第一节　面料的基本概念和分类

面料是体现服装主体特征的材料，是服装设计构想付诸实施的载体。它与科技有着直接的联系，从远古的树叶、毛皮、棉毛丝麻到化学纤维和功能织物，科技进步创造了丰富的服装材料。面料一般分为机织面料和针织面料两大类，这些面料以各自的造型特征、悬垂性、弹性决定了服装的性质。机织物是以股线作经、纬，按各种不同的织物结构方法交织而成的织物，又称梭织物，是服装面料中用途最广、品种最多的一种，在外衣面料中仍占有优势。内衣、运动衣、休闲服、童装多用针织物，针织物是用针织工艺加工制成的服装，在弹性、柔软性、流动性、多孔性、抗皱性等多方面优于机织物，越来越受到消费者的欢迎。

纺织纤维可分为天然纤维和化学纤维两大类，天然纤维是自然界生长形成的，而化学纤维是经过化学加工形成。以自然界的物质为原料，加工成为适宜于纺织应用的纤维，称为“人造纤维”；天然原料经过合成然后加工而成的纤维，称为“合成纤维”，如涤纶、锦纶、晴纶等；用天然纤维和化学纤维混纺的织物又称“混纺纤维”。

图 5–1　各种印花服饰面料。

图 5-2 丝绸印花面料设计的服装新颖亮丽。

图 5-3 通过高科技整理手段处理的彩色亚麻布为面料设计的上装，精致典雅。

图 5-4

天然纤维的种类很多，有棉、麻、毛、丝四种。棉和麻是植物纤维，毛和丝是动物纤维。随着科学技术的发展，面料种类日益增多。化学纤维对天然纤维的模仿，已达到以假乱真的地步。随着高新技术的不断发展，人们环保意识不断增强，纺织品面料的开发与创新也必然要从产品的服用性、功能性、环保性等多方面来综合考虑。服用性是一个综合概念，是指织物的表面效果和综合穿着效果，常常用色彩、舒适性、柔软度、易护理性、质感等来表征。长期以来，"柔软"一直是衡量纺织产品风格的重要指标之一，现在消费者对此提出了更高的要求，"超柔软"(Super-soft)面料就是近年来采用拉绒或磨毛处理，利用微细纤维作原料的两种较新也是较流行的方法。面料的"轻质"是近来流行趋势中体现的另一个特点，可分为"轻爽"和"轻暖"两大类。"绿色纺织品"已成为21世纪纺织工业的突出主题，绿色纺织这一概念涵盖绿色纤维、绿色染化料及绿色生产条件等内容。因此，好的面料不仅要寻求与服装款式的最佳搭配，同时也应当是技术、艺术和市场的完美结合和统一，并具备环境友好的特征。

图 5-5 三宅一生运用高科技面料设计的时装，精细而赋有光泽。

图 5-6 仿动物皮制作的时装不同凡响。

图 5-7 蕾丝面料，隐显出女性迷人的光彩。

第二节　面料与服装设计

在服装艺术中，面料不仅有使用价值、实用功能，还有美学上的装饰效果。现代服装的潮流以色彩和面料的性格以及协调配置为特点，构成了当代服装的最新格调，颇具魅力。

对服装设计师而言，其创意都有一个实际操作“完形”的过程。其中能否把创意效果图变成实物的关键是：选择什么面料来造型。因此，面料是设计创意的载体，是服装的物质基础。如何选材？怎样用材？——已成为越来越多设计师关注的焦点。材料与创意相结合，要从色彩、质地、完型性以及后期整理几个方面来确定面料及辅料。

面料的材质指原材料的质地、色彩、触觉的综合反映。一件完美的服装，其面料的选择至关重要。如丝绸、锦缎有色彩艳丽、光泽度强、柔软的特性，给人以华贵、富丽的感觉，它们在古代是皇宫贵族服装中最普通的服饰面料。亚麻布、棉布、毡帽、粗毛绒等给人以朴素的感觉。深色的毛织品使人感到稳重、大方，是英国绅士常用的服装面料。在服装设计中，面料是首先考虑的重要因素，它必须和人们的年龄、经济条件（价格）、品性、文化教养、职业、居住的地理环境和气候条件等相适应。

服装的辅料可分为里料、垫料、衬料、絮填料、扣紧材料、缝纫线、装饰材料等等。作为服装设计师选用什么材料与创意相结合，怎样将面料与辅料相组合，是服装设计的第二次创造。

服装的面料以及服饰的原料丰富多彩、多种多样。远古人类以树皮、树叶、野兽的皮毛、鸟禽的羽毛、贝壳、兽骨、玉石等作为服装和服饰。后来，出现了棉布、丝绸、锦缎、毛织品、亚麻布、天鹅绒以及花边、穗带、小玻璃珠、小圆金属片、金银首饰等。人造丝、尼龙、人造革、人造毛等则是在近代才发展起

图 5-8　高科技面料设计的时装，闪烁着金属的光泽。

图 5-9　设计师对呢料的那种传统的风格有一种莫名的执著。

图 5-10　帕克·罗己尼用金属材料精心设计的晚礼服。

图 5-11　帕克·罗己尼采用金属感光泽的面料设计的时装。

图 5-12　对面料肌理的处理是设计师常用的手法。

来的，现已成为人类服装的主要面料。由于艺术与技术前所未有地紧密结合在一起，科技在使面料更美的同时，又使之具有了更好的技术特性。高科技的发展使面料的审美性、舒适性、伸缩性、透气抗菌性，以及多功能和易制作整理方面带来了众多的变化。各种面料的处理手法和各种工艺形式空前地层出不穷，五花八门。

今天，科技也使各种纤维材料的混合处理日趋完美和丰富多样。如传统的毛纺加工商开发了塑料涂层的新型毛织物，为传统产品增添了一种技术外观和新的功能性价值。织物具有粗糙感和原始感——毡化的毛织物、仿麂皮手感、毛绒绒的仿裘皮织物和一簇簇蓬松的绒毛使织物具有粗犷的风格，但加入合成纤维或金属丝时，又不失精致。又如精炼毛和丝的混纺织物能产生令人难以置信的粗朴且时髦的效果。又如羊毛丝绒及顺毛羊驼绒的混纺织物带来浓厚的异国情调。又如在滑爽的微纤维织物上印上具有乡土气息的图案，使其产生加捻纱织物的效果。穿着舒适，活动便利，外观新颖已日益成为人们的购衣理念，于是弹性面料、针织面料，以及面料斜裁等充斥于市。在新的美学研究里，光也成为审美对象。一些能反射或漫反射的织物，在光的作用下能产生丝光、闪光、擦光甚至变色的效果，配以运用高科技的多种纤维混纺织物，极具现代感。这些织物包括经树脂整理产生挺爽感的棉织物、上光的亚麻织物、高光泽织物、表面轧光织物和珠光效果涂层织物。材料的特殊组合还会使织物具有超凡的色彩——如铝丝与羊毛混纺的织物，以铜丝作经纱的棉织物和喷镀、不锈钢效果涂层的织物，独具外观光泽，风格突出，功能实用性增强。另外，通过纱线结构变化，织纹组织和后整理来产生有立体感的织物以及别具一格的木制服饰，都赋予了面料全新的视觉外观。

得体的面料设计处理方案是服装设计的关键。各种面料的质地、手感、图案让设计师有了广阔的创造选择空间。各种面料有各自的"性格表情"和效果，它的软、硬、挺、垂、厚、薄以及不同的光泽，决定着服装的基本特色。充分发挥材料的特性与可塑性，通过面料材质创造特殊的形式质感和细节局部，使服装阐释出服装的个性精神和最本质的美。被誉为"重金属大师"的法国设计师帕克·拉邦纳是被公认的最彻底的材料革新者，他于1966年开始设计展示自己的独创作品，在材料的选择上不拘一格，尤其是各种金属材料在他的手里更是得到了巧妙的运用。他所设计的盔甲般的金属服装，配上水晶珠串、玻璃纸片、鹅卵石、扣子、唱片、瓷砖碎片、驼鸟毛以及塑料片和赛璐璐片等作为装饰，营造了一个个美轮美奂的奇妙形象。对材料的开发和再造，在客观上显示出设计师的科学思维和理性思考。日本著名的时装设计大师三宅一生对于材料有既独到又科学的诠释，他把无生命的面料视为有生命的个体，在将面料化为服饰的过程中，极力发挥材质的固有风格而从材料的制造上入手，他所创作的经典涤纶褶子仿佛薄衣出水，高低起伏的线条与最尖端的工艺巧妙地融汇在一起，顺着人体的曲线，透露出皱褶的美丽和精致。

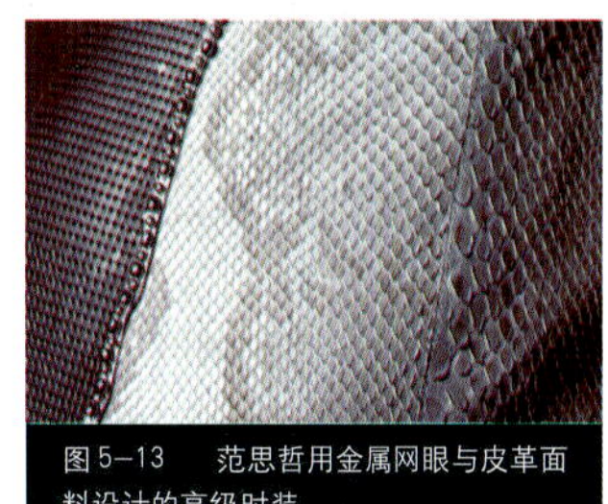
图5-13　范思哲用金属网眼与皮革面料设计的高级时装。

图5-14

图5-15　新型面料，为设计师带来了尽情发挥设计构思的载体和灵感。

第六章

服装与装饰

第一节　服装的形式法则

服装设计，不但要研究人的生活方式，还要研究服装的美学。现代设计的思维核心，最重要的因素，就是人们的心理。设计构思所表达出来的形式和心理的感应，是现代设计的美学基础，其构成必然涉及服装造型与装饰艺术的一般原理和法则。装饰的艺术是秩序的艺术，秩序从本质上说是一种规律性，是事物存在、运动、发展、变化的有序性，具体表现在整体与局部、多样与统一、对比与调和、均齐与平衡、尺度与比例、节奏与韵律之中。设计师必须掌握这些规律，并在设计中加以灵活运用。

一、变化与统一

装饰艺术中的变化与统一，是生命的活力与有序发展的统一，也是装饰美的规范与要求。服装设计，同样要求把握统一与变化规律的运用，如：服装外型和色彩的统一与变化，装饰形象的统一与变化，既要求统一性，又要求多样性。服装

图6–1　金色的珠片或闪亮的水晶，巧妙的构思造就出完美的效果。

图 6—2　女装细节装饰与整体的统一设计，体现了女性高贵优雅的一面。

系列化设计，服装的成套和整体设计，服装与鞋帽的整体统一，里外服装配套，服装与服饰配件，男女二人配套等都要求整体统一而又有变化。统一整体就像音乐中的主旋律，不断变幻而反复出现，贯穿始终。统一与变化的关系是相对而言，没有绝对的界限，它是一个逐渐变化的过程，是一种寻求静止与运动之间、变化与有序统一之间的结合。

二、对比与调和

对比与调和法则是多样统一的具体化。对比是变化的一种方式，调和是形的类似、形体趋于一致的表现。它是服装各部位装饰之间的相互关系，如明暗对比、色彩对比、曲与直、集中与分散、大与小、轻与重、软与硬、厚与薄等都可以形成强烈的对比，但只有对比没有调和就会过于乖张、刺激、生硬，而仅有调和没有对比就显得单调乏味。因此，两者关系应表现为：一是在对比中求调和，依靠主体形象和主导色彩作为获得统一与协调的主要手段；二是在调和中求对比，在统一的造型和色彩中寻找对比的因素，达到突出个性，获得特殊性的效果。服装设计无论是款式、色彩、面料制作和装饰配件等，都需要调和与对比，以求得整体的统一。

图 6—3　运用色彩的对比衬托出装饰的变化与统一。

三、均齐与平衡

均齐即对称，轴线上下或左右同形同量的组合，体现了秩序和理性。平衡体现了力学的原则，同量不同形的组合形成稳定、平衡的状态。这种形式美主要是抓住中轴或重心交点，掌握各种因素的平衡，如：形体、色彩、空间

图6-4 突出个性与整体协调的形象设计。

图6-5 作为首饰的点缀是在统一中求得对比。

和动势等方面的综合平衡，这几种因素相互作用，相互补充。在服装设计中，形体的面积大小、色彩分量的轻重、装饰形象的姿态、服装分割线的走向等都构成了相互间的动态或动势，运用造型装饰形象，如边饰、裁片分割、衣褶、裙褶等的点、线、面，造成服装的动与静。只要对称轴的两边相等，就会在人的视觉上产生稳定和安静感。在装饰中富于个性和变化的是平衡的形式，较于均齐而言，具有不规则性和活泼性。

四、比例与尺度

在服装设计中比例与尺度是指服装各部分尺寸之间的对比关系，它不仅与人体工程学的需要有关，与装饰也有重要的关系。如果说服装结构上的各种比例和尺度主要与实用相关，那么外观装饰上的比例与尺度则更多地与视觉美相关。从形式美的意义上讲，西方1：1.618的“黄金分割律”，被认为是最好的比例而被广泛应用，服装的长度比例也是3：5或5：8为最佳。比例的变化很多，只要是符合统一与变化规律的比例，都是美的。服装的长短、宽窄以及各部位裁片、各部分装饰分割等都要求取得美的比例。成功的服装设计，要善于利用各种比例分割，使服装达到和谐完美。

五、节奏与韵律

节奏和韵律广泛渗透于人类的整个生活，它是生命和运动的形式。节奏与韵律在动与静的关系中产生，运动中的快慢、强弱，形成律动；律动的不断反复而形成节奏。韵律可以使人感受到整齐、条理、反复、节奏的美感，也可具体表现为形状的不断重复、比例的不断反复以及不同形的重复、线的变化等形式。韵律和节奏可以是确定的、封闭式的，如转换式、回旋式纹样等；也可以是不确定的、开发性式的结构。服装的节奏变化可分为：

1．线的节奏。线的长短、粗细、虚实、疏密、起伏、曲直、纵横、衔接与间断可构成线的节奏。

2．形的节奏。形的大小、方圆、虚实、内外、连环等可构成形的节奏。

3．色彩的节奏。色彩的明度对比、纯度对比、冷暖对比、黑白层次等的变化可构成色彩的节奏。

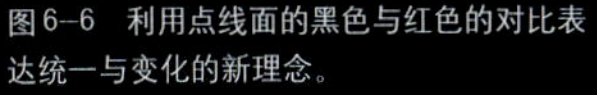

图6–6　利用点线面的黑色与红色的对比表达统一与变化的新理念。

图6–7　点线面的设计，在视觉上产生节奏与韵律之美。

图6–8　首饰的细心设计在视觉上形成动与静的对比与和谐。

总而言之，服装的形式美感只有与穿着者有机结合时，才能充分地展现服装美化人体的效果。

第二节　服装的图案纹样

图案纹样在服装上能起到极强的装饰作用，并具有独立的审美价值。

纯色的布料虽然也能表现各种性格，并通过不同色料的相互配合而产生美感，但这毕竟有限，为了避免款式和色彩的单一，人们常常喜欢将各种各样的花纹和条纹装饰于服装上。

运用图案装饰服装的历史很悠久，传统的服饰图案是我们宝贵的遗产。图案和服式的结合，应是一个整体协调统一的过程。因此，在设计和应用服饰图案时必须把握以下几点：

一、保持均衡

服装属立体造型的艺术，在服饰设计中应考虑到服装穿着后人体活动各部位的主体感和动静感，因此，服饰图案的设计不能只考虑平面的完美。在图案花纹的布局时应保持人体本身的平衡美感，不可重心偏移，缺乏稳定感。

二、突出个性

着重于单独图案的设计，可通过重复、渐变、特异将单独图案与服装款式相互协调，造成律动感和秩序美。由于人的性格各异，同样是职业女性，则有趋时与自持、文静与豪爽、文化素养高低等差异，服饰图案的设计会因此来逐项定义，并通过对服饰图案形式与人整体关系的把握，使得适用广泛的面料图案具体化、个性化、多样化。同时，衣着又离不开穿用的时间、场所和目的等因素，服饰图案的设计在力求整体性的同时，必然需要增强服装款式的个性、风格、风貌和情调。

三、整体性

印象派画家莫奈认为，整体之美是一切艺术之美的内在构成，细节现象最终必须皈依于整体……在构成服装款式中，图案纹样的设计应考虑材质的应用、色彩的配置、工艺制作等

图6–9　波谱艺术

图6–10　图案纹样在服装上能起到极强的装饰作用。

图6–11　在服装面料上采用印花图案表达设计主题，是范思哲著名的风格之一。

诸要素，取得和谐一致，并符合对比、协调、节奏等美学法则，给人以有机整体的美。

第三节 服装与色彩

一、色彩的一般知识

能够感知物体存在的最基本视觉因素是色彩。色彩拥有无穷的色相和深浅浓淡的色阶，这些色相和色阶，相互搭配、组合，形成各式各样的色彩情调，使人们享受到极其丰富的美。所谓色，是感觉色和知觉色的总称，是被分解的光（从光的构成上说是可见光；从光的现象来说是漫射光、反射光和透射光）进入人眼并传至大脑时开始生成的感觉，是光、物、眼、心的综合产物。

所有的色，都分属于两大类：有彩色和无彩色。所谓有彩色，即有色味，有红、黄、蓝等色彩倾向的色。所谓无彩色，即黑、白、灰。每一个色彩均含有三种要素，即：色相、纯度、明度。无彩色只有明度，没有色相和纯度。

1．色相

色相也叫色别、色性，是指色彩的种类和名称。在光谱中色相指赤、橙、黄、绿、青、蓝、紫七个标准色，各有自己的相貌。每一个色相又可以分出更多的色相，如红色，其中就有朱红、大红、曙红、玫瑰红、深红各种色相；黄色，则有淡黄、柠檬黄、中黄、土黄、桔黄等不同色相。色相名称甚多，也有按物体的特色命名的，如孔雀蓝、象牙白、蛋黄、西洋红、桃红、草绿、金色、银色、翡翠色等，主要体现色彩的固有色和冷暖感。

2．纯度

纯度也叫色度、彩度、饱和度，指颜色的纯粹程度，主要体现为事物的量感。纯度不同，色彩表现出的量感也不一样。色相中红、黄、蓝三原色的纯度是最高的。而两个原色混合的间色，或原色同间色的混合、间色与间色的混合产生的复色，其纯度就会降低。

3．明度

明度也叫光度、亮度，它是指色彩本身的明暗程度。色彩明度的变化即颜色深浅的变化，这变化使颜色有层次感，呈现有立体感的效果，如绿色衣服受光后，会呈现浅绿、淡绿、中绿、深绿、暗绿、灰绿等不同色彩明度的变化，使衣服看起来有立体感。

二、色彩的性质与情感功能

由眼睛和头脑传达出来的色彩实体和色彩效果之间在服装上的联系，是设计师最关心的。在色彩范围和色彩艺术中，视觉的、思想的和精神的现象，是多方面地相互综合在一起的。服装的色彩设计以人的主观感受为依据，主要强调配色的心理效果。色彩设计要掌握色的科学性（生理、物理、心理），以便选择功能所需要的色彩，当然也要满足美观的要求。其研究和分析可划分为以下领域：

1．从物理方面研究色彩的要素；

2．从生理方面研究关于色彩的视觉规律；

3．从心理方面研究关于色彩的感情、联想、象征、爱好、意义、印象；

4．从美学方面研究关于色彩的配置、协调、功能和美。

综上所述，色彩是光刺激人的眼睛所产生的视觉感觉。一般涉及三个领域：作为光的物理领域；作为视觉器官的生理领域；作为精神的心理领域。

服装的色彩，即它的色相、色调对人会产生不同的生理感觉和心理效果，于是色彩就有了不同的性质。现代色彩学把色彩分为冷暖、轻重、软硬、进退、动静、胀缩、显隐、快慢、活泼抑郁、华丽朴素、兴奋沉静等12种类型。

从生理学上讲，人眼晶状体的调节，对于距离的变化是非常紧密和灵敏的。但它总是有限度的，对于波长微小的差异无法正确调节，这就造成了色彩有暖色和冷色。因此，冷色、暖色是人通过对色彩的视觉感受而产生的冷或暖的感觉变化。所谓暖色是指含有黄色的颜色，如红、橙、黄、绿黄、绿，在色轮中它们占一半。而冷色是指那些含有蓝色的颜色，如蓝绿、蓝、蓝紫、紫、紫红，它们占色轮的另一半。色彩的性质决定了人的冷暖的心理感觉，因此，不同的季节，人们对色彩产生不同的心理追求。炎热的夏季，人们追求清净、凉爽，喜爱明亮色、淡冷色及不吸热的白色。寒冷的冬季，人们又产生追求温暖、舒适的心理，喜欢穿偏暖的明色调和吸热的深色系列。

色彩的轻重感是由色彩的明度决定的，一般是淡色轻、深色重，亮色轻、暗色重。若明度相同，纯度高的比纯度低的感觉轻。在着装上深色服装给人以稳重感，而浅色服装使人感觉飘逸，如女孩子穿一身白的连衣裙则有身轻如燕、飘然欲飞的感觉。

色彩的软硬感也与色彩的明度有密切的关系。明度高呈软感，明度低呈硬感。而中纯度的颜色呈现一种柔软感，高纯度与低纯度的颜色则呈一种坚硬感。在服装设计中，硬感的颜色非常适合于挺拔有立体造型感的西装、中山装等，而用于少女与儿童的服装则适宜用奶油色、粉红色、淡蓝色、粉绿色等感觉软的颜色，能体现其稚嫩、纯洁、向上的色彩情感。

在色彩中，人的心理作用影响色彩的感觉。红、橙、黄等暖色系和有亮度的颜色的跳动感强，容易刺激视觉神经而产生动感和膨胀感，为前进色。而蓝、蓝绿等冷色系和偏暗的颜色在心理上易产生静感和收缩感，是后退色。因此，一般将前进色用于服装需要强调的部位，而利用较深的色泽面积的收缩感来强调女子腰部的纤细、多姿。根据人的年龄和性格差异可选择有动感或静感的颜色，对胖或瘦的体型，选择退色或进色，能起到修饰体型的作用。

图6-12　丰富的面料图案与色彩的设计为时装增添了一道亮丽的风景线。

三、配色类型与规律

服装的装饰色彩，应掌握配色的类型和配色的规律。服装的配色类型大体分为：华丽型、明朗型、富丽典雅型、柔和型和强烈型。华丽型的色调协调而闪烁，运用金、银和亮光色彩的面料或绣饰。明朗型的色调协调而色度差别大，深、中、浅色明确，色形清晰，强调明暗度的对比。富丽典雅型的色彩十分丰富而协调，多用灰色对比、弱对比，对无色系的运用较多。柔和型的色度和色相差距小。强烈型的色彩对比拉大，对比色的面积明确而响亮。

现代时装十分重视时代感，而流行色是体现时代感的重要因素。流行色(FASHION COLOUR)意即时髦的、时兴的色彩或时装的色彩，是设计师、色彩学家通过调研、综合、发现、传播而盛行起来的时髦色彩。从时装的角度看，人们对色彩的爱好的确反复无常，再漂亮的花布，一旦过时便无人问津。以服装色彩领先的流行色在国内外市场之所以引人瞩目，是因为它发挥着引导消费、指导生产和流通的重要作用。经常加强对流行色的研究与推广，可以把握正在变化中的色彩规律，当然，无论运用什么流行色或常用色，一定要抓住色彩情调的特征，充分体现出它的个性、感情与气氛。所谓"远看色近看花"，说明色彩在视觉表情上的重要性，透过服饰色彩可以看出一个人的气质、教养和风度。正因为如此，服装色彩所体现的审美价值与商品价值正愈来愈为人们所重视。

服饰的配色规律，应掌握如下原则：

1．要按一定的计划和秩序搭配颜色。各色之间所占的位置和面积，一般按接近黄金分割比例关系搭配，这样容易产生秩序美。

2.相互搭配的色彩主次分明。服装中的色彩选用主要根据服装所表达的整体效果来确定。因此，要有统一的主色调，服装色彩的主色调是指在服装多个配色中占据主要面积的颜色，主体色彩和点缀色彩形成对比，主次分明，富有变化，产生一种韵律美。强调主次的方法可利用面积的大小或明度的不同或色度的深浅来划分。

3. 对比与调和。从色彩视角的生理角度讲，互补色的配合是调和的，包括：相同色或类似色的配合；对比色或相对色的配合；中性色（黑、白、金、银、灰）和另一种色的配合；中性色和中性色的配合。其中相同色或类似色的配合易产生柔和与协调统一的效果。这里要注意的是，色彩调和是就色彩的对比而言的，没有对比也就无所谓调和，两者既互相排斥又互相依存，相辅相成，相得益彰。因此两种以上的色彩在构成中，总会在色相、纯度、明度、面积等方面或多或少地有所差别，这种差别必然导致不同纯度的对比。过分对比的配色通过加强共性来进行调和，而色度和面积不宜太接近，否则易引起混浊的感觉，需要加强对比来进行调和。对比色或相对色的配合，要十分谨慎，除童装外，一般不宜采用色度较饱和或明暗对比太强烈的颜色，尤其是较大面积的配合要先用色度较低的复色或用中性色的面料作为调和色。若处理得好，能使服装产生明快而富丽的效果。

4. 对称与均衡。色彩配置的总效果要与视觉心理反应相适合，不仅要求色相、明度、彩度成为融和稳定的调子，而且要求色彩对比关系能满足视觉心理的平衡。也就是说，色彩的对比与调和要恰如其分，色彩的选择也要恰如其分。同时也要考虑由于色彩搭配而产生的运动感，如由服装本身的图案、面料色彩的重复出现，面料的重叠或滚镶、飞边等工艺而产生。另外，色彩的运动感也可由色的彩度和明度按规律地渐变或组合不同形的色块而产生。因此无论如何搭配，最终必须使其效果在心理和视觉上有平衡感。

5. 色调不单是色与色的组合问题，还与色的面积、形状、肌理有关。所以，离开面积、形状、肌理的因素，也不能取得配色整体的和谐统一。

服装的装饰色彩主要是通过面料、饰品等物质色彩来体现的，所以要充分显示其质地、肌理色彩

图6–13

图 6-14　从大自然和器皿中寻找色彩与纹饰的灵感。

图 6-15　三宅一生采用鲜艳色块的对比，强化色彩的张力。

图 6-16　多维图案，彰显色彩的丰富变幻。

图 6-17　色彩对比强烈和协调。

图6-18　流行色的运用，使服装总能引领潮流。

图6-19　流行色的运用，使服装总能引领潮流。

图6-20　利用冷暖色对比产生视觉上的和谐感。

图6-21 不同明度的对比紫红色相配，和谐而统一。

图6-22　运用红绿相间的面积对比营造热情与活力。

图6-23　几何形色彩的对比与调和，表现自然舒适的休闲风格。

图6-24　手工艺印染的色彩丰富而独具韵味。

图6-25　感觉强烈的色块对比映衬出轻盈似云如丝。

图6-26 黄色系列装，富丽堂皇。
图6-27 具有恐怖色彩元素的时装作品。
图6-28 夏威夷大印花，色彩有优雅朦胧之美。
图6-29 范思哲运用高纯度色彩设计的真丝印花乔其纱时装。
图6-30 纯度较低的男装设计
图6-31

的美。服装配色除注意本身的整体配色效果外，还要注意与环境色彩的和谐关系，因为服装色彩本身也是环境色彩的一个组成部分。自然环境的变化，尤其是季节的转换，是流行色更新的主要动力，所以，常称流行色为季节色彩。美国的卡洛尔·杰克逊提出的"色彩季节理论"，就是根据每个人的肤色、发色、眼睛的颜色等人体自然色特征，结合色彩学基本理论，把人分成春夏秋冬四种类型，以最佳色彩来显示人与自然界的和谐之美。每一种类型的人都有与之相应的36种最适合的颜色。借用色彩，即使是最普通的服装也能穿出最美的效果。

总之，用不同的色彩和图案能演绎出复杂多变的个性，最易为时尚注入新的活力。

第四节　饰物的种类及其在着装中的意义

一、饰物的概念及种类

饰物：一是指首饰；二是指服饰品。首饰，在古代一般通指男女头上的饰物，俗称"头面"。之后按民间约定俗成的概念，首饰除发饰、冠饰外，还包括耳饰、项饰、手饰、足饰等，逐渐成为人体全身装饰品的总称。它是在人类追求美的过程中产生和发展起来的。在茹毛饮血的远古时期，大自然赋予人类美的启示，人类利用石珠、砾石、兽牙、石片、贝壳等材质，经过精心钻孔、磨制、串缀，并涂以红色赤铁矿粉屑，做成称为"串饰"的项链、手镯或脚饰等装饰品。发明火以后，人们用泥土做成各种形状的装饰品，经高温烧制，成为原始的陶瓷首饰。四千多年前，希腊人使用玻璃做成的各种造型的首饰品晶莹亮丽。古老的非洲黑人，用木头、骨头、宝石、陶瓷、黄金等材料雕成形态各异的首饰品，造型十分古朴、美观。我国封建社会时期，首饰成为宫廷贵族以及贵妇极力追求的奢侈物品，选材也日渐昂贵，如金、银、珠、玉、翡翠、珊瑚等。据《后汉书·舆服志》："后世圣人，见鸟兽有冠角髯胡之制，遂作冠、冕、缨，以为首饰。"又据东汉刘熙《释名·释首饰》可知，当时首饰包含范围很广，有四十多个名目。有发饰：簪、钗、步摇、胜、金钿、珠花等；颈饰：项链、项圈、长命锁等；耳饰：耳环、耳坠；手饰：钏镯、指环和顶针；带饰：带钩、带扣、蹀躞带等；冠饰：金冠、凤冠、步摇冠等；佩饰：佩鱼及金香囊等。

随着社会生活的发展，首饰概念的外延越来越大，现在把胸针、领带、发夹、帽花，甚至头饰、发饰、胸饰、腰带、带扣、徽章等也包括其中。

纽结是指服装上交互而成的，具有系紧、固定作用的扣结。主要包括扣和结两种形式，如纽扣、盘扣、蝴蝶结、腰带、领带、领结等。古代人们用"结绳记事"，并把结绳挂系身上，成为装饰品，后来演变成为襻扣、带扣、腰巾等。在服装设计中，纽扣的造型、用料、色彩随潮流而变，纽扣的合理配置，能增强服装的结构之美，从而起到画龙点睛的作用。腰带是服装中的分割线，是构成形式美的手段，系腰带的部位可上下调节，修正人体之比例，增添美感，尚具有保护腰部，保暖之功效。

首饰的魅力在于造型、质地、色彩等诸多因素与佩带者的脸型、身材、年龄、职业、环境等的和谐搭配。随着科技的进步，首饰的材质也大为改观，其制作材料主要有：金银、仿金银、珠宝玉器、塑料、皮革、石头、木头以及各种合成材料等，起到锦上添花的作用。

男性首饰多为实用性的，如挂表、皮带扣，也有用戒指、项链、耳环等作装饰的，色彩多素雅、稳定。女性首饰种类繁多，多为装饰美化女人形态的，色彩既有浓艳的，也有清新淡雅的，其风格日趋多样化、个性化。

服饰品主要指手帕、纱巾、帽子，靴子、包、领带、墨镜等。

二、饰物在着装中的意义

从人类文明史来看，饰物在人类没有穿衣之前就已产生，因此，人类着装与装饰是不可分割的。服装的饰物包括

图3-32　华丽的手镯设计

图3-33　点睛之笔的耳坠设计

图3-34　名贵典雅的首饰表现出瑰丽的外表和多变的内涵.

图6-35　用植物果枝做首饰，别具一格。

A SERIES OF DRESS DESIGN

图 6-36　菲力普·特雷西的女帽设计比例完美和谐，令人惊叹。

图 6-37　多彩而时尚的配饰设计。

图 6-38　在服饰中起着画龙点睛作用的耳环与人体着装形成和谐统一的整体美。

图 6-39　休闲装中首饰的搭配更显女性的高贵典丽。

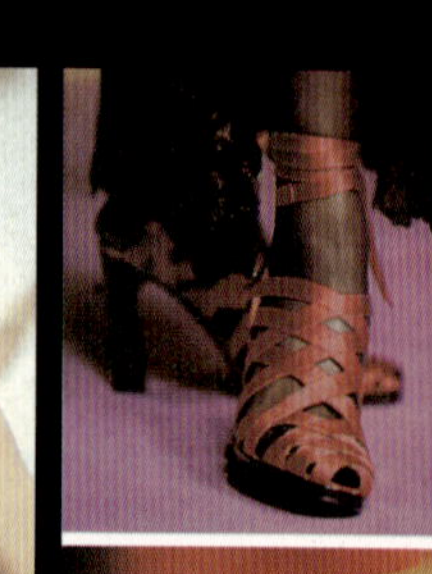
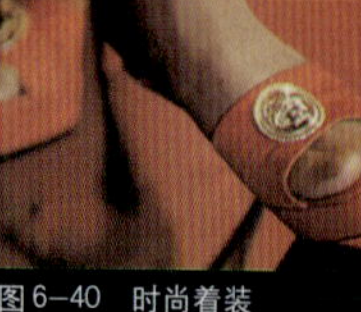

图 6-40　时尚着装美履适之。

头饰、领带、领结、腰带、胸饰、手饰、腿饰、足饰等。饰物在人们的着装中起到画龙点睛的作用，其意义可使着装者的气质、精神、形象得到增益，使人、服装、饰物三者形成和谐统一的整体美。

历史上于权贵而言，许多首饰造型繁琐，制造工艺精湛，成为标示其身份与权势的象征。大多数人，通过配戴饰物，表现其生活的经济状况和社会地位，表示人与人之间的关系。而现代社会则更多的是标示生活的富裕和对美的追求。在我国少数民族地区，据传说，首饰曾是避邪驱鬼、保平安及光明的象征，后来逐渐演变为贵与美的体现。首饰越多，便越富越美，这种观念几乎成为各民族共同的心理状态和风俗习惯。傣族妇女发髻上簪戴彩色花环，阿昌族男女人人佩戴小朵真菊花或人造菊花，藏族妇女的盘头发辫都缠以红绿相间的彩色毛线，虽无珠光闪烁，但却显得格外秀美。贵州苗族妇女喜欢在头上插木梳，有月牙、菱角、马蹄等形式，或木质本色，或大红油漆，有的甚至包银、点蓝；有的在梳背装上细弹簧，簧顶有银花、银鸟；有的在乌黑的梳背上阴刻花鸟或红绿彩绘。木梳既可用于缠紧头发，又成为一种发饰品。高山族妇女插的木梳，梳背上有一个小人或雕一对相向的蛇形物，别具特色。

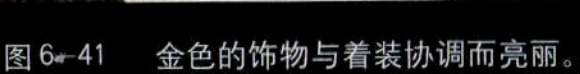

图6-41　金色的饰物与着装协调而亮丽。

图6-42　哈尼族盛装佩戴的头饰，工艺复杂，华贵富丽。

图6-43　夏奈尔品牌的头饰高贵而凸显镂空的艺术魅力。

图6-44　配饰的设计为简洁的服装增添了几分浪漫的情调。

第七章

服装设计美学的范畴和基本特征

服饰设计美学是新兴的设计美学的分支学科，与其他设计类学科一样，应用性很强。服饰作为一种物质产品，是以物化形态实现的，所以服饰美学的研究范畴也应以物质生产和物质文化领域中的美学问题为中心，包括服饰美学本身的内容，如式样、色彩、纹样、韵律、外轮廓线、制作工艺等。同时，服饰设计中所包含的精神文化和观念文化的内容，又使服饰设计涉及心理学、社会学、人类学、民俗学、宗教学、生理卫生学以及商业、贸易等，体现在服饰的文化价值和时代特征方面，构成了美学研究的主题。

第一节 为生活的性格

服饰设计的美，本质上是超越生存的产物，如果仅仅为了维持生存，人只需把服装看成是满足物质生活需要且具有使用价值的产品就够了，而不需要艺术地创造——服饰美的存在。人作为自然界的一部分，在长期认识自然的过程中，实现着外在自然的人化过程，创造出客观世界的美，同时也实现着内在自然的人化，形成了自身的审美感官、心理结构以及审美能力。大量的史前文化证明，人类对于美的创造和追求，是创造“物”就开始存在的。因此，人之为人，不仅是为了生存，而且是为了更好地生存——即超越生存。我们说，服装与饰物结合构成服饰。服饰与人的着装构成人的外观形象，其中反映出人的美有两个层面：一是人的形体美，包括人形体的自然美和经穿戴所体现的服饰美；二是人通过社会生活表现的内在美，它反映出人的气质、仪表、修养和品位等。服饰是和人的自我表现联系在一起的，优美得体的服装设计，不仅使着装者形体、容貌美丽，同时也讨人喜欢。服饰之美与人的需要和生活是一致的，是需要与满足的和谐之美。故服饰美的本质无疑是“生活之美”。

第二节 实用和审美的统一

服装——作为物质文化，它必须满足人们在社会生活、生产劳动中多方面的需要，但它又必须是精致、优雅的，在艺术上给人以美的享受。功能和美的统一是服装的艺术特征。

服饰美的产生，首先是以设计的力量去赋予服装以美的结构和造型，其结构、材料、技

图7-1 款型与黑白灰构成服装的整体美。

术所表现出的合目的性和合规律性的功能的统一，构成了这一生活美的物质层次或可视形式的基础。没有这样一个可视、可感、可触的基础，"其他层次上的美"将是一句空话。服装最基本的功能，就是生理上的功能，即保护人们的肌体，使人们在不同气候、地理环境下，冷暖适当，从而健康而愉快地生活。随着新材料的层出不穷，相继出现了吸汗快干、蓬松柔软、防水透湿、蓄热保温等舒适性织物，抗菌抑菌、消臭抑味、防污易洗等卫生性织物，以及远红外、负离子、防紫外线、防电磁波等保健性织物等。这些都构成了服装的实用性功能。

在服装功能美的形成过程中，合目的性体现了物的实用功能所传达的内在尺度要求，即构成服装结构、材料和技术等因素所发挥的恰到好处的功利效用。合规律性，则表现了功能美形成的典型化过程。从价值意义上来认识，服装的有用性和合目的性构成了使用价值，体现了人造物的基本动机，服装的面料、裁剪、缝纫的技艺所体现的良好质量使服装具有牢固、耐用、实用的功能价值。美的创造又增添了实用存在的意义，形式之美对用而言是不可剥离的。艺术性是服装设计的灵魂，它是表现设计水平的关键。在这里，形式美可以理解为是功能美的抽象形态，是指构成服装的款式、面料、色彩纹样以及它们的组合规律，如比例、均衡、夸张、韵律、节奏、多样统一等所呈现出来的审美特性。

实用与审美的统一是通过服饰与人体的统一表现出来，这中间它们是互相联系、制约，融为一体的。最终人体为服饰所美化，服饰服从人体的需要而统一在一起的。另外，现代生产方式把经济、效用与美联系在一起，因此经济原则也成为形成功能美的必要条件之一。

第三节 服装的美学特点

一、服装的整体美

服饰美的第一个特点是整体之美。它包括了服装、服饰、化妆，并与人体和环境相互协调，与着装者的身材、容貌、气质、文化品位等融合为一体所表现出的整体形象。

服装作为一种视觉艺术，它必须是以具体而完整的"形象"（即造型、结构、纹饰色彩的组合体）这一独特语言来传情达意的。服装的整体结构即服装的外形结构，是服装外轮廓线形成的形体，是服装大效果的体现，它对服装的外观美起着决定性作用。通常在不影响其功能的基础上可以通过调节服装的肩宽、三围、裤脚或裙摆形成不同风格的造型效果，但光有外形的设计而没有局部的结构变化，往往会显得空洞而呆板，局部结构变化即服装的领、袖、口袋、腰部、省位等部位的变化。局部要服从整体的需要，相得益彰。印象派大师莫奈曾对绘画艺术构成作过精辟的论断，他认为："整体之美是一切艺术之美的内在构成，细节现象最终

图7-2 细节与整体之美。

图7-3 对比强烈的条纹服装象征青春活力。

必须皈依于整体……"16世纪英国哲学家培根也说过一句话："美不在部分，而在整体。"可见"整体"是一切艺术造型的审美准则。服饰整体之美，不是部分与部分相加，而是指服装款式、材质的应用、色彩纹饰、服装饰物、工艺制作，甚至头饰、妆容等诸要素之间的组合构成，要取得和谐一致，其内部关系要互相联系、相互作用、相映成趣，给人以有机整体的美。从服装造型而言，"整体性"是构成服饰美的主要灵魂。

服装属于立体造型艺术，在服饰中应考虑到服装穿着后人体活动各部位的立体感和动静感。其整体美要有主有宾，要有重点。服饰的部位不同，结构各异，如领、肩、胸、背、袖、摆等，其装饰规律除依据特定部位采取相应手法外，应特别注重与款式整体的关系。"多样统一"等形式美的法则运用应贯穿其中，如均衡的布局应视人体结构的对称而定；对比、呼应，则应以服装款式上下、服装与饰物、纹饰的粗细、大小及色彩的配合而定。总之，服饰的整体美既包括了人体与服装的和谐统一关系，也包括了人与环境的关系。人总是在一定的空间、时间中活动的，所以，服饰也要考虑和环境协调一致。

二、服装的动态美

服饰的动态美，是指人在空间运动、变化时所产生的一种美。人在活动时，人体的各部分比例和形状就发生了变化，原来无生命、静止状态的服饰，随人的活动而产生了各种各样的姿态和体形，呈现了服饰美的另一个特点：动态之美。

服装的动态美，是随同人的体形在空间运动、变化时所呈现的相应的美学特征，服装被设计师称为动感的艺术。因此，服饰一旦与着装者结合在一起，就会随着人的活动而被注入了灵性。这种动态的美，反映着装者的气质与风度，充分体现了服饰本质的真实效果。庄重

图7-4　意大利设计师恩里科·科韦尔设计的都市时装。

图7-5　点线与黑红的对比，引发令人赞叹的浪漫主题。

的西服、洒脱的猎装、粗犷豪情的牛仔装以及线条简洁明快的夹克衫等，显示出男士健壮、成熟、宽大的阳刚之美。曲线毕露的旗袍、套裙、丝绸衬衫和毛线衫表现出女士的阴柔之美。宽松的衣袖和女裙随着微风或舞蹈的动作而旋转，形成美丽的曲线。取材于敦煌壁画的《丝路花雨》舞蹈，其中盈袖舒展、飘飘欲仙的长袖飘带的设计，吸收了服饰的动感因素来加强舞蹈的艺术感染力。连衣裙可以尽现女性的飘逸，T恤衫使女性举止更潇洒。而服饰在人的动态中所呈现的曲线和不确定性，使其显示出生动的姿态和无限的意味。因此，服装的设计必须符合人类生活中各种丰富多彩的活动方式以及在活动方式中所形成的立体造型，必须从不同的距离、角度来设计，而不能只顾正面这一个方向。

三、服装的主题美

服饰作为一种艺术存在，其本身既有人体包装又有绘画、艺术设计的特征，同时还兼具人体造型艺术、舞台表演艺术、整体着装形象艺术等的某些特点和优点。因此，服装的流行与传播，同一切艺术品一样，是时代的产物，不可避免地会受到社会活动和社会思潮的影响，而某种社会活动、社会思潮又使服装成为时代的装束和标志。因此，每一款服装在设计时都要围绕一定的主题或表达一定的文化内涵和艺术风格。例如，时装流行的超短裙被认为是自由的20世纪60年代的代表，而紧身胸衣则被看成是维多利亚时代的象征。法国的皮尔·卡丹讲求造型的旋律感、时代感、青春感；克雷休斯形成"超现代设计"的风格；还有"闪光片时装之王"的弗朗索瓦·勒萨热，以及被称为新浪漫主义的克雷琼(Courreges)设计的"几何学线条"、安德罗比和伯莱特设计的"构造式样"，以及纪梵希、拉格菲尔、阿玛尼、费雷等推出的晚装、泳装、休闲装、内衣……无不展现现代女性迷人的身姿与靓丽的面容，显露出女性穿着的舒适、洒脱的浪漫主题。20世纪90年代末，国际上出现了后现代主义思潮的多元化，导致时装主题的多元化。由于环保意识的提倡，怀旧情绪的出现，高科技的冲击等，于是"环保时装"应运而生，许多设计师将环保理念贯穿于服装设计当中，使当今时装的表现主题十分明确。对过去的怀念和对未来的构想，又使人们在时装上同时表现着复古和前卫的主题，中式服装的回归和现代版"洛可可"风格的出现，以及高科技面料制作的可开合式前卫时装都很好地说明了这点。因此，当服装作为表现主题的一种形式而置身于总体文化的氛围之中时，由于其中包含内容极其丰富，历史积淀深厚坚实而具有极强的冲击力和时代的审美特征。

四、服装的艺术美

这里指服装艺术在长期的发展演化中与其他视觉艺术形式互相依存、互相影响所产生的艺术美。纵观东西方服装发展史，其间无不渗透着绘画、建筑、雕塑、装饰等多种艺术的滋养，这些姊妹艺术是服装设计的创作源泉，相通的形式美法则把服装艺术与其他造型艺术连接在一起，而且在相同的历史时期不约而同地反映相同或相似的内容。如古希腊服装中的褶裥与同时期神庙柱上的装饰线；文艺复兴时期宽大的加衬垫的服装与当时的建筑风格；巴洛克、洛可可艺术与同时期服装无以复加的装饰；中国清代的宫廷服饰与建筑风格等，在装饰上都有着内在的一致性。

另外，在服装上佩戴各种首饰，施以各种手工刺绣、挑花、贴花以及运用蜡染、扎染、手绘、机印花布等艺术手段，使服饰既表达了有限空间的视觉美，又符合人体视觉的比例关系，是服装艺术美的重要表现方式。

现代服装设计更是与各种视觉艺术休戚相关，无论是整体风格还是细部处理上都能反映出其他艺术形式对服装的影响。如现代音乐影响和推进服装设计中的不规则的结构造型和色彩造型；古典式音乐给服装带来对比柔和的线条和色彩，出现了乐于表现“流水般柔软和动感”的德国时装设计大师卡尔·拉加斐尔德；善于从古典艺术和现代艺术同时吸取精华的意大利服装大师詹尼等。现代造型艺术和现代艺术思潮，给服装带来了更加丰富的设计。如20世纪30年代受超现实主义艺术影响而产生的超现实主义时装，创造一种梦幻中的现实；受俄罗斯构成主义艺术影响，出现的几何形式和抽象形式的建筑风格时装；带有视幻艺术风格特征的时装；波普艺术风格的时装；圣·洛朗受抽象派画家蒙特里安作品的影响而创作的“蒙特里安”式样；森英惠受日本浮士绘画的影响而创作的时装等。日本著名时装设计师杉野芳子认为“服装是布的雕塑”，说明现代服装设计在构成意识上，很重视考虑服装的体积空间效应。在这方面，服装受到雕塑语言的影响是不言而喻的，如量感、触觉感、节奏运动感、线条、肌理、光影、色彩，甚至包括浮雕的直观表现形式等。对不同视觉艺术的借鉴，能使服装的造型具有更加强烈的艺术性，也往往给服装带来更有新意的设计。

五、材料与技艺的美

服装材料是形成服装设计美的基本条件之一。人类穿衣的历史，实际上是与材料打交道、感受体察和使用材料的

图7-6 腰带系在腰部最细的部分展示优雅，面料的粗细对比则体现随意不羁。

图7-7 雕塑般的喇叭裙设计，散发经典风格的前卫演绎。

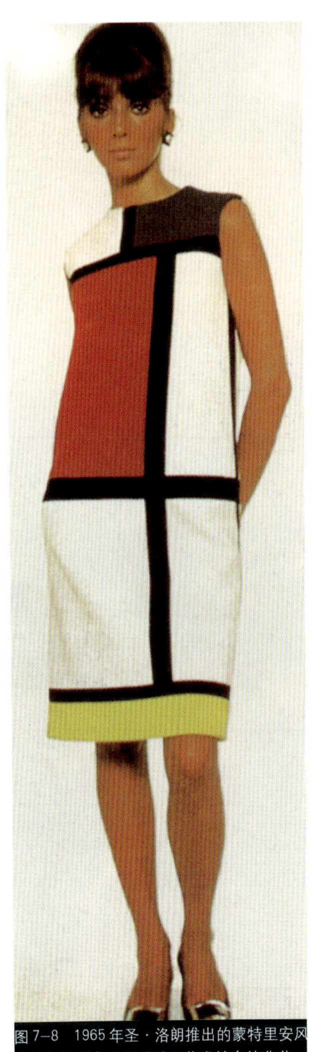
图7-8 1965年圣·洛朗推出的蒙特里安风格的时装成为与现代绘画艺术结合的典范。

图7-9 借鉴欧洲古典建筑风格的时装设计。

历史。它在视觉上给人带来的心理和审美感受，成为影响人选择、穿着的决定性因素。当材料与一定的工艺造型成为一个统一的有机体，形成服装的不同审美感受和类型时尤为如此。服装种类虽多，但组成材料结构可分为面料、里料、衬料、填料和胆料五个组成部分。

人对服装材料的感受是综合性的，由视觉、触觉等生理感受而形成心理的和审美的感受。这种经验性审美、心理感受会反过来影响和规定服装材料的选用趋向。在服装材质肌理变化上所产生的多种视觉效果十分丰富，不同的质地和肌理都会引起相应的视觉美感，如粗糙意味着大气、粗犷；细密意味着精致、细腻；疏松意味着舒适、随意；光滑意味着精美、华贵；闪光意味着前卫、华丽；轻薄意味着柔软、飘逸……除视觉外，触觉在现代人类感性发达的体验中也占有重要位置，对服装材料的视觉感受与人对材料的表面触觉是结合在一起的。对棉、麻、丝等纤维材料而言，往往通过手感和穿着使肌肤的触觉强化。人们在挑选服装、布料时，触觉即手感对肌体的适应性和舒适感尤为重要，如轻重、粗细、软硬、厚薄、凹凸以及光泽感等，同时，还要有良好的吸湿性和透气性。这些都直接影响到服装的审美效果，并成为服装设计师表达独特风格的内在条件。

服装材料无论是天然纤维，还是合成纤维，一般要经过纺织，然后印染，再作后处理。决定服装面料外观美的因素是纱支、织物、肌理、色彩、图案等，其中织物上的图案与色彩，属于衣料的工艺加工部分。许多服装设计师利用先进的设计和工艺，最大限度地改变材料的外观，使许多材料能重放异彩。如著名时装设计师三宅一生更是竭尽创意之能事，用拼凑、烧烙、火烧、刮擦、压褶等处理手法提高材料品质，使材质本身所具有的潜在的视觉美感得以最大限度地发挥。衣料通过工艺加工制成服装成品。现代技术不仅改变了生产本身，而且改变了人的观念，改变了人的审美意识，并使人们重新认识和发现了包含在技术中的美，一种独具价值的美。技术美界于自然美与艺术美之间，它不仅包括机械技术和机械产品的美，也包括手工业技术和手工产品的美以及其他具有美的效果的技术。技术美与功能美有着内在的联系和一致性，功能美构成了技术美的特征，也是技术美意识结构的核心因素。服装的技艺美体现在整个加工过程中，通过工艺材料、形式和功能三方面表现出来。因为服装技艺通过加工材料成就款型，是以美的规律为基础的，技术加工的技巧是唤醒在材料自身之中处于休眠状态的自然之美，把它从潜在形态引向显性形态。因此，工艺加工制作中对材料的利用不仅对于服装的实用功能有决定意义，而且也是形式美感的内容之一，它展示着来自材料、结构、功能、形式等合体而和谐的合目的性的美与技术美。对于高级时装业来说，服装工艺技术是其维护名牌声誉的法宝，精工细作与特殊工艺体现在每一个细节中。服装加工技艺的美主要表现在以下几个方面：

1．在设计服装时，度量人体的比例、尺寸是非常重要的。严格地说，人的形体是各不相同的。所谓“量体裁衣”就是通过准确地测量数据来解决衣服的合体问题。传统的度量形体分为两种方法：一是直接在人的形体上度量，称为直接度量；一种是采用若干基本的度量尺寸，然后来核对、计算出整个服装的比例，称为综合度量。但从服装艺术的观点来看，由于不少人的形体或多或少有些缺陷与不足，这需要服装设计师们在结构设计时依据形体上的其他比例来补充服装式样上的比例，从而得出平均的数据，使服装能突出形体的美，掩饰着装者的不足。

2．服装裁剪时须以度量的尺寸为依据，将服装的前身、后背、袖、口袋等按服装设计的款型裁剪出来，再进行缝制。缝制时，各裁片需经过拷边、加衬、归拔、熨烫定型成缝合形。在制作过程中应边做边烫，使服装达到挺拔平整的工艺效果。

图 7–10

图 7–11　服装有“布的雕塑”之称。

3．精确地裁剪，精美地缝制，是服装创意完美化的保障。在加工技艺中，可以选择不同的裁片排列形态和针刺面料的位置与条数，两者的不同组合，形成了风格各异的缝口外观和不同的缝口强度。缝口外观是服装整体造型和款式风格的重要组成部分，平面与立体缝口、见线迹与不见线迹缝口是缝口外观的基本要素，它们之间的巧妙组合，拓宽了服装设计的表现手段，而缝口及其强度是加工制作工艺的重要内容。设计与工艺的有机结合，使技艺美与质量同步提高。

4．褶裥是产生内结构线的造型方法。布料的折叠缝制，能产生立体感，是服装细部装

图7-12 时尚的艺术形象设计。

图7-13 借鉴吉卜赛风格创意的时装。

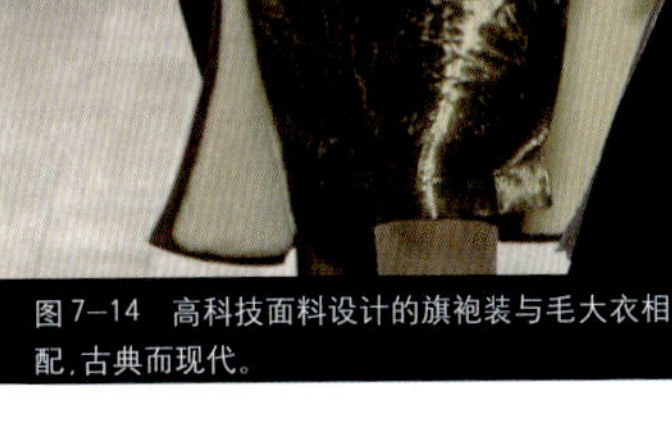

图7-14 高科技面料设计的旗袍装与毛大衣相配，古典而现代。

图7-15 将柔媚的女孩打造成为英俊少年，散发别样魅力。

饰的工艺形式之一。褶裥的造型手法多种多样，有熨烫褶（包括顺褶、对褶和压线褶）、堆砌褶、抽褶、波浪褶和折裥，还有细皱褶和自然褶等。利用织物的悬垂性及经纬线，既能够实现造型上的功能，又能给服装的变化带来无穷的趣味。褶裥的造型原则，需要在实践中不断探索，不断积累经验，丰富自己的创造内涵。

随着计算机技术的不断发展以及艺术设计人员的参与，计算机已成为当今服装设计领域内的重要组成部分。服装行业的设计与生产已进入了自动化、高效率的时代，不仅量身测体用光电设备，设计和制作均用计算机和现代化机械来完成。工业化生产的需求促动了服装CAD这一高科技产业的发展。20世纪90年代末服装CAD／CAM（辅助设计与辅助制造）技术的普及，加快了服装工业的现代化进程。美国率先制定了“无人缝纫2000年计划”，以最大限度提高服装设计制造的效率，改善产品的品质；日本也开发了三维立体缝纫系统，达到了服装量身定做的单件生产水平；欧洲国家不仅完成了服装自动化生产中各单元技术的开发，而且有机地将各单元技术集成起来，实现了服装计算机集成制造。在服装设计中采用先进的信息技术、计算机技术，可以虚拟服装设计，包括服装款式设计（FDS）、服装纸样设计（PDS）、纸样缩放（Frad-ing）、排料（Marking）等；甚至可以先销售，后制造，只有这样，才能满足知识经济时代服装产品的多品种、短周期、高品质、高附加值和快速高效，同时更突出产品个性化的需要。这些革命性的发展将会使服装的工艺技术更加精致完美。

第八章

时装的流行与设计

第一节 时装流行的心理机制

“流行”是一种客观的社会现象。它反映了人们日常生活中某一时期内的共同的、一致的志趣和爱好。流行所涉及的事物内容是相当广泛的，但在众多的流行现象中，不管是哪个时代，与人的形象密切相关的时装总是占有最显著的地位。

流行与模仿是不能截然分开的。没有模仿，流行也不会发生。法国社会学家塔尔德在《模仿规律》一书中认为：流行从一个时代与另一时代纵向相连时成为习惯，将新的东西作为优势，在横向空间通过模仿扩展开去，便成为流行。

流行可分为四种主要因素：(1) 权威的因素；(2) 新奇的因素；(3) 实用因素；(4) 美的因素。人们在着装方面普遍存在着求新求美的心理，以及在此基础上产生的求异求同心理，这些心理动机是时装流行意识的根源。当一件时装新款出现时，人们就会在一定的心理动机支配下，根据个人的兴趣和修养来选择服装，要么趋同、要么求异。保守和求新构成了人类本性的双重性。因此，时装流行的心理机制往往表现为两种对立的心理倾向。

求新求异是为了炫耀，时装就是因炫耀而产生的，表现出求新奇、迥异，别出心裁，敢于突破常规；而求同从众的心理动机，则要求新和美，入时应景，合乎潮流。这种心理会使时装迅速传播，加快仿效，从而促进时装的流行。

第二节 时装的特征

一、时效性

时装的流行联系着一定的时空观念。时间与空间有它们的相对性，在同一空间里要考察时间的长短，在同一时间里要辨别空间的异同。因此，时装必然有它强烈的时效性。今日流行，明日落伍；更新越快，时效越短。从法国服装中心几十年来展示的时装中可以看到风格的突变：曾经是色彩灰暗、松垮宽大的“乞丐装”流行全球，继而便是金光闪闪、珠光宝气、缀满装饰物的“珠片衣”充斥市场；喇叭裤虽然以挺拔优美的气质独领风骚许多年，但仍无力抵挡流行的大潮，终被松垮的“箩卜裤”取代，紧接着出现了直筒裤、高腰裤以及实用而优雅的七分裤、九分裤、宽口裤等的流行；去年满街还是过臀的长衫，今年已变成露脐的短褂……其款式变化、花样翻新令人目不暇接。据资料统计，近些年来的大多数服装款式的寿命平均只有三至六个月，甚至更短，这几年的变化更加频繁，款式空前丰富。即使是人们认为比较稳定的男子西服和牛仔服，也因流行潮流的冲击在不断变化着。因此，设计师只有把握住流行的时间长短和空间范围，才能保证服装流行的效应。

图 8-1　迪奥时装帝国的首席设计师加里亚诺的作品。

图 8-2　用皮毛，羽毛设计时装形成流行的新视觉。

图 8-3　ROCHAS 以苏格兰图案为设计主题，体现了自然与舒适的流行风格。

二、周期性

服装的流行具有周期性。循环往复、周而复始是事物发展的基本规律，服装的流行也有其萌芽、成熟、衰退的发展规律，一般分为三个主要阶段，即标新、高峰和下降阶段。时装的周期循环间隔时间长短在于它的变化内涵，凡是质变的，间隔时间长；凡是量变的，间隔时间相对地短。所谓质变，是指一种设计格调的循环变迁。一种时装款式新颖，可能流行一年，第二年便过时了，但它仍旧是一种格调，只不过不再是一种流行款式而已；但若干年后，它又会以新的面貌出现。美国加利福尼亚大学教授克罗在观察了各种服装式样的兴起和衰落后，得出的结论是：时装循环间隔周期大约为一个世纪，在这之中又有数不清的闪电般的变幻……人类对于服装特征的独立研究表明，某种服饰风格或模式趋向于十分有规律的周期性重现。时尚周期的另一尺度与“循环周期”的原则有关，即一定时期的循环再现。如近年来国际时装流行的典型外轮廓造型之一的直筒式，是流行于世纪初迪奥(Deco)风格时装的再现。而“复古”、“回归”、“走向自然”等主题，也都是服饰格调的周期循环。

量变与质变相比较，周期间隔时间较短。服装的历史告诉我们，许多年前曾被人们钟爱的款式会稍加修改再度出现。款式总是在各部位的比例尺度之间徘徊。如20世纪60年代流行的港裤是紧裹在身上；七八十年代的喇叭裤是臀部和大腿包紧，裤脚宽松；90年代的萝卜裤是臀部和大腿宽松，而裤脚收紧。这些变化就是典型的量变过程。因此，循环决不是简单地不加任何改动的重复，而是每一个循环周期都有一定的创新和改革。旧的款型经过发展变化成为新的，新的又逐渐成为旧的，新与旧是辩证的统一。

人类不同的历史文化背景、观念意识，对审美意识的影响是深刻的、内在的和微妙的。当代是人类的个性自由充分和多样发展的充满活力的时代，人们的审美情趣更是千差万别，一些历史的审美观往往以新的形式复活，服装的周期性循环正好说明了这点。由于这些差别的存在，才丰富拓展了人们的审美经验，扩大了人们的感受性。因此，对于现代服装设计来说，恰当地把握这种审美形式的丰富性和差异性，对提高我们今天的设计是有重要意义的。

三、标新立异的观赏性

在服装流行的长河中，美以各种形式交替演变，这是一种特有的文化现象，戏剧性地反映了人类的自我表现欲望、竞争意识和对新鲜感的不懈追求。人类着装从简陋的衣服发展到富有观赏价值的时装，也正反映了这种追求必然随着人类文明进步而不断发展。

服装流行开始是少量地出现，稀有意味着新鲜，新鲜之中包含着与众不同的美感，所谓“物以稀为贵”，人人都去争当稀有者，一旦领先性的款式出现之后，追随潮流的人们大量仿制，使流行蔚然成风，这时少数变为多数，新鲜不再新鲜，美感不复存在，流行的周期便告尾声。与此同时，人类永不满足、标新立异的天性又促使新的式样开始流行。由此构成了服装流行不断地向前推涌。在这种情况下，标新立异成为一种独立价值。“标新立异”可以有两种意义：它可以意味着一种时尚或风格的迷人程度和偶像化程度；也可以意味着时装中的异国风味或罕见的主题。由于时装系统是建立在常见主题和罕见主题的相互关系和相互冲突之上的，所以作为表现手段，异国风貌就显得尤为有效。

一个时代的政治、经济、文化决定了这个时代的人们的审美标准。现代高科技可以使服

图8-4 巴黎流行时装

图 8-5

图 8-6　时尚的色彩与纹样，体现回归自然为主题的设计。

图 8-7

图 8-8　纹饰的处理使端庄的西服也多了几分时尚的元素。

图 8-9　亚历山大·马克奎恩设计的服装充满了野性和前卫风格。

图 8–10　时尚杂志成为服装流行的传播方式之一。

图 8–11　自由表现成为时尚流行的个性化或另类的标示。

装业面貌一新，各种质感奇异、功能完善的服装材料成为服装流行的重要内容。而款式、色彩、纹样的多变又使流行的周期变短，服装设计师只能在了解人类审美规律的基础上，去发现流行的先潮，从而能够时宜地把流行推向高潮，扩展到全世界。

第三节 流行与传播

文化学理论认为，文化传播即文化的互动行为和交流行为，是社会群体以及人与人之间的文化流通关系。从人类文化的存在和历史而言，文化总是处于一个传播与流动的过程之中，没有文化传播也就没有文化的发展和变迁。人类的任何一种文化都是在传播中发展的，时装的流行与传播也不例外，各时间、各空间的服饰文化相互传播、交融、混合、并存，促进了服装的变化。其传播方式有：

一、由上而下的传播

历史上时装本来就是从宫廷发展起来的，皇族的服装是上层社会服装的典范。紧随其后模仿的是一般贵族，然后接踵而来的是富有的资产阶级。贵妇们的服装、发式、帽、鞋等样式都对当时服装流行的式样起着决定性的作用。翻开中国的史书，王安石的《风俗》篇云："京师者，风俗之枢纽也。所谓京师是百奇之渊，众伪之府，异装奇服，朝新于宫廷，暮仿于市井，不几月而满天下。"说明古代时尚装的流行，是自上而下、先宫廷后民间的传播方式。

即使到了资产阶级民主社会，皇族权贵不复存在，时装也是由经济地位领先的人士所享用，一般大众仍是模仿追随上层的时装。这种现象，19 世纪经济学家称之为"向下细流原理"。

二、横向流行传播

长期以来在国际时尚圈中形成了以巴黎等欧洲名城为中心，进而辐射周边地区和世界各

图 8-12　瓦伦蒂诺用高级时装塑造贵族感。

图 8-13　明星装束为时尚流行推波助澜。

地的格局。这种时尚影响的方向是单向的：就是西方影响东方，尤其是以巴黎女装为代表的西式服装确立了通过各种精致准确的省裥、衬垫工艺来实现的充分合体或紧体的造型方式。在20世纪的上半叶，这种造型方式通过传播成为国际时尚的主流，而到了下半叶东方式的平面构成观念，即类似于历史上的前开包裹型、挂覆型、贯头型的建构方式等又向西方传播，推动了西洋服饰文化朝着东西混合的国际化方向发展。此时日本设计师代表了最具革命性的渗透力量，其中三宅一生、川久保玲、高田贤三、山本宽斋和松田等，他们共同抵御了服装设计界的许多戒条，同时用实用的服装来代替追求完美形式的服装。他们设计的服装不同于巴黎的时装，其影响削弱了西方有关身体、身体与空间之关系以及服装常规的种种观念，在某种程度上改变了时装界的面貌。西方时装已将非西方的影响、传统和形式纳入了自己的潮流。这种传播方式形成为西方与东方相互影响、相互促进的格局。

国际社会的时装流行规律表明，时装的流行方式虽然还是模仿，但已发生了很大的变化，更多的是选择自己所羡慕的时装样板，如模仿影视明星、国际的时尚衣装等。这些流行装主要通过大众媒体、时装表演、服装展示以及人们的相互影响来进行传播，先由高级时装逐步走向中低档时装。目前国际上的女装以法国的巴黎为中心，男装以意大利的米兰为中心，各国的高级时装都是由这两个中心首先发布，然后向世界传播。尤其是Internet的出现将人类带入真正意义上的信息社会，远隔万里的大量信息的流动在瞬间就可以完成，网络的特殊开放性可以使世界范围内的时装信息资源共享，真可谓时装无国界了。在网上，时装可以被传播得更广，流行变化的速度也会加快。

第四节 时装的流行预测

时装本质上是多变的，永远处在不断的运动之中。但这种变化形式往往是循环往复而形成一定的周期性，这些规律使服装流行的预测成为可能。

对服装市场的观察、分析与研究，及对它未来演变的估计叫流行预测。把流行预测的成果通过传播媒介向大众公布，就是发布流行趋势。流行趋势预测可以引导消费、引导生产，可以繁荣设计，树立服装形象，增加附加价值。具体作法是充分研究时装流行的各种原因。一般而言，形成流行的机制包括有社会、宗教、心理、政治、经济、战争、科技、区域环境、民族文化等因素；同时还要了解中外服装史、中外民族的审美情趣。而流行心理学、市场预测理论、服装消费意向、人口结构等则是进行服装流行预测不可缺少的基本因素。

图8—14 夏季流行装在整体的设计中依然寻求细节的变化。

就服装设计而言，它首先是一项预想工作。对未来社会的需求和未来产品的预想准确与否，直接影响到设计成果的大小。当然，服装设计师的超前意识和预见能力不是凭空而来的，他必须掌握科学的预测方法。根据对现实情况的深入研究，找出产品变化的内在规律，从现在推知未来。常用的预测方法有：

1. 综合分析国际、国内的服装潮流方向，科技的新发展。

2. 分析历年和当前服饰流行资料，纵向的(即历史的)、横向的(即世界各地的)流行服饰资料，包括流行色卡和流行时装杂志分析、研究和归纳，掌握服饰流行的规律。再根据当前国际流行趋势，特别是巴黎、米兰等时装中心发布的流行信息，从而推测出未来的发展情况。

3. 专家综合意见分析，是指国内外服装研究预测机构或服装权威人士，根据流行现状和流行规律，对不久将会流行的服装所作的预想和推测；也有权威的服装设计师通过各种形式的服饰博览会、时装周、时装节等发布流行趋势。总之，只有对不断变化着的影响服装流行的各种因素加以综合性的考察，才能对服装的流行趋向作出准确的反映。

第九章

服装设计教育、研究与未来

第一节 服装设计教育

设计教育是一个巨大的系统工程，它不仅是一个学习和实践训练问题，而且是一个设计观念的建立和创造能力的培养问题。随着现代科学技术的发展，设计教育一方面要适应发展的情况迅速调整变革以适应当代的变化，培养当代急需人才；另一方面则要为发展着的未来做好培养人才的准备。所以，当代设计教育涉及面更广，要求更高，各方面都要求有一个新的突破。服装的设计教育同样如此。

在西方，发达国家的服装教育已经有一二百年的历史，有一套成熟的办学经验，因此成为了设计师的摇篮。日本的服装设计也令人瞩目，大学、学院、专科，还有各种短期的训练班非常普及。这些院校办教育有一个共同点，就是强调创造精神和突出个性发展。我国的服装行业起步较晚，建立具有真正现代意义的服装业是近20年才开始正式起步的，与此相应的服装设计教育分属在轻工、纺织、艺术、商业、外贸等各大领域内，除了专门的服装设计学院外，综合性大学，各大美术学院、纺织大学，还有夜大、函大、职工大学等的服装设计系也如雨后春笋般纷纷建立。从办学层次上分有研究生教育、四年制本科教育和2年~3年的专科教育；从办学形式上分有普通教育、成人教育和短期培训，形成了一套完整的服装教学体制和专业课程体系。目前的专业设置有以下几个方面：服装设计专业、服装工程专业、服装生产管理专业以及时装模特儿表演专业等。但不同领域的办学，所开设专业的方向也有所侧重。工科类院校，除有服装设计专业外，还开设有服装工程专业；商业、外贸类的院校往往开设服装生产管理专业、服装营销专业；而艺术院校更多的是开设服装艺术设计专业。我国经过十余年的摸索、总结，参照了国外服装设计教育经验并结合我国国情发展起来的现代服装设计教育，彻底摒弃了陈旧的以师带徒的教育模式，已成为一门崭新的，十分有希望的学科。

创造能力的培养是服装设计教育的核心问题。服装设计的创意性设计要求要有超前突破性的构思，巧妙独特的表现形式，崭新的原材料和技巧的组合，必须对潮流有敏锐的感觉，而且有能力将这些感觉透过衣料和款式完美地表现出来，体现时代的气息和理念的韵味。这个创造过程包括学习、分析、研究、设计和决策。这种创造能力的形成和培养实际上是一种全面的综合素质培养，这必须通过扩大知识面，加强理论方面的学习来获得，全面的理论学习和修养对于培养创造力而言是至关重要的。作为现代设计教育的先躯，包豪斯在教学实践中总结出“技术知识可以传授，而创造能力只能启发”的事实，证明了只有具备较为广博的学识才能在设计创造的世界中自由翱翔。

图 9-1　从动物的纹理色彩中获得设计的灵感。

今天，我们正处于一个转折的时代和建设的时代，科学技术的迅速发展，使艺术设计和艺术设计教育的变革大大加快了，计算机和互联网信息技术的应用已强烈地影响着设计和生产服装产品的方式，尤其是经济的持续发展，人民生活水平的日益提高，进入WTO后所面临的国际市场的激烈竞争，都对服装设计和服装设计教育提出了更新更高的要求。设计教育同样必须转变教育观念，以适应时代的发展。巴特瑞克·惠特尼在《大工业之后》的文章中指出，在21世纪，一个来自20世纪晚期设计学校的教授将认不出今日的设计学校了。社会对所有学科要有一系列相当标准的方法和知识体系，重点强调的领域是有关如特殊的生产项目、消费组、高技术、研究领域方法论等题目。为此，现代西方的一些设计学校已经开设了符号学、新美学原理和高设计程序这类题目和课程，几乎是从哲学的高度来从事设计教育。21世纪已经到来，面对艺术设计的现状，适应现代社会需求的设计教育，一方面逐渐从美术型、理工型的教育模式中独立出来，完善自身体系的建构；另一方面，设计本身所包容的诸多因素，也使得它的教育体系呈现出多学科相互作用的面貌，并且各国、各地区不同的发展状况和设计文化传统也为它注入了丰富多样的形式内容。

未来服装设计教育的目标，应是创造多样性、综合性，社会环境价值相互和谐的人类生活价值。为达到这一目标，首先需要把设计教育方向转变为以实验、研究、开发为中心，促进教育水平的不断提高，使研究、知识、创新、经营相互连接起来，通过设计教育，培养有思想文化境界、富有创造能力、懂得社会和市场经济的高素质设计人才。

第二节　服装历史研究

服装发展史，作为一门历史性的具体考察服装发展状况与变迁规律的历史学科，是服装科学体系中不可缺少的一个分支。历史学的研究方法，使我们可能克服时间的障碍，通过追溯文化和社会的渊源，去解释当前的服饰文化现象。当代的服饰风格是在继承传统风格基础上的创新，而未来服装的发展，同样取决于今天人们服装样式的创造。显然，通过对中外服饰史的研究，历史地看待服装在相当长时间反复出现的周期性律动，可以使我们有机会更好地分析和预测社会变革对服饰的影响。

服装史是人类生活史中的一个重要组成部分，同时又是深深植根于特定的时代文化模式中的社会活动的一种表现形式。因此，一部服装的发展历史，不仅仅是一部衣物史、服装样式史或材料史，更是反映人类衣生活的历史。服装历史的研究任务是：1．揭示各个历史发展时期特定地域的经济、政治、思想、伦理、宗教以及审美趣味、审美理想等各种社会因素对服装发展、演变的作用和影响；2. 认识不同历史时期、每个地区不同服装式样的发展特点、服装变迁的原因与发展规律，揭示其发展过程中继承与革新的关系，增强对服装发展趋势的分析和预测能力；3. 通过对服装现象的具体分析，评价它们在服装发展史上的地位、作用和意义；4. 通过对服装发展的跨文化进行比较研究，分析中西文化的差异，探寻人类服装发展的共性模式。

第三节 服装的理论研究

服装设计属于工业设计的范畴，而工业设计观念的形成，则是在17世纪欧洲工业革命到18世纪后期英国工业革命这一历史时期。这是工业时代一门新兴的边缘学科，是科学技术和文化艺术发展的产物。以工业设计观念解释服装设计，包括了功能设计、色彩设计、外形及款式设计、穿着法设计以及由此而派生的结构设计和工艺设计，提出材料及装饰要求等。作为一门专业的学科，服装的理论研究应包括以下几个方面的内容：

一、科学技术性

把服装与人体的关系称为服装科学，它集中体现了服装的舒适性、功能和流行等，舒适性是指体贴变形、保暖、透气、散热等；功能性是指卫生保健、防火防水、防腐蚀、防辐射作用等，它涉及服装人体工程学、服装纺织材料学、卫生学、力学结构等诸多领域。

二、文化艺术性

服装既是作为日常生活最为涉及个人的组成部分之一，同时又是深深植根于特定时代文化模式中的社会活动的一种表现形式。因此，把服装的历史沿革、民族特点、风俗及其职业特点等称为服装文化，它需涉及服装社会学、服装民俗学、服装心理学、服装艺术学、服饰符号学、服装生态学等学科内容。

三、商业流通性

把服装的生产、销售、信息等称为服装商业。在商业行为中，运用社会科学手段测定人们对服装的喜爱程度、关心程度、印象、感情等服装心理学的相关要素，可以获得对服装本质特点的认识。

服装基础理论的研究，主要指对服装基本原理、范畴和批评标准等问题的研究，其中包括服装批评的理论和服装史的理论在内。这三个自我运行的系统，有着自身特殊的结构和内在机制，因此，在理论分析的形态上，它就表现出了外部和内部两种不同的特性，从而可以采用相应的外部研究和内部研究两种方式。建立服装的理论体系大致分为三个部分：经济理论、文化理论、设计理论。

图 9-2 圣·洛朗把印像派画家凡高的"向日葵"融合到时装上。

它的任务是：第一，揭示各个历史时期特定地域的经济、政治、思想、伦理、宗教以及审美趣味、审美理想等各种社会因素，对服装发展、演变的作用和影响；第二，揭示各个历史时期的服装发展过程中的继承与革新的关系；第三，通过对具体的服装现象的具体分析，评定它们在服装发展中的地位、作用及意义。第四，研究服装设计的基本原理；第五，研究服装作为商品与市场的关系、品牌的定位、时尚与流行趋势等。

第四节 服装设计师的位置与素养

服装设计师既是一种职业，又是一种象征和标志，是服装设计、生产过程中设计质量的标志。在手工业时代，服装的设计和生产甚至交换和使用往往由一个人来完成，显示出非专业的特征，服装的产业化促进了专业化分工，世界上许多名牌服装是以设计师为主导而建立的，设计师所具备的设计理念、市场营销、品牌意识是企业任何人无法替代的。因此，设计师是新产品开发、生产发展和市场决策并直接为公司创造产品价值的关键人物。一名服装设计师需要拥有比其他专业更为深厚的修养，包括具有优秀的人格和善于与人合作的思想品质，除技术和造型之外，应加强对时代变迁的敏感性和预见性，即对未来社会、人类生活、设计

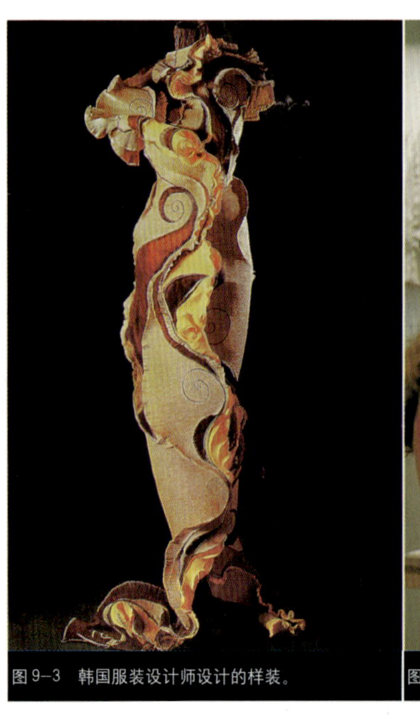

图 9–3 韩国服装设计师设计的样装。

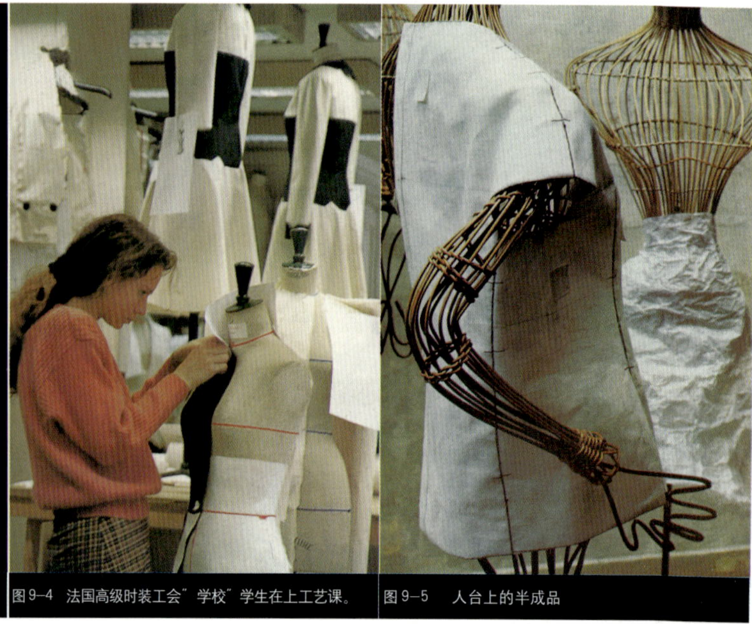

图 9–4 法国高级时装工会"学校"学生在上工艺课。

图 9–5 人台上的半成品

服装设计师也作为独立的职业适应现代工业发展而得以确立，成为一个事关生产成败的关键职业。因此服装设计师应该是受过训练，具有技术知识、经验和观赏能力的人，他能决定工业生产过程中产品的材料、款型、结构、色彩和纹饰等。设计师可能还要解决服装的品牌包装、广告、展销等问题的相关设计。

当然，能否成为一个真正的服装设计师，并不在于他是从事成衣设计还是手工设计，而在于他所从事的工作是否具有设计的意义和作用，能否采用现代设计的程序和方法乃至设计观念从事设计。随着科学技术的发展，服装CAD的应用，设计师的重要性也越来越明显；同样随着人们生活水平和审美要求的发展，对服装质量包括艺术质量的要求也会越来越高，这都赋予了设计师更大的责任。发展和创造未来的使命把设计师推上了一个伟大而艰巨的岗位。经营所必需的认识论、现象学、人类学等人文科学的了解。设计的边缘学科性质还决定了设计师应该把握现代设计的基本理论和相关学科的基本知识，如美学、社会学、经济学、传播学、市场学、设计史、设计方法、设计程序等。此外更重要的是服装设计师肩负着推进人类文化的重任，因此，设计师应该拥有对人类文化发展的责任感和献身设计事业的敬业精神，努力建构自己的全面素养，不断提高自己的设计能力和超前的创新能力，随时明察国际服装流行的新动向，不断设计出受消费者欢迎的好产品。同时服装设计师必须了解与服装行业相关的法规，如专利法、商标法、广告法、环境保护法及标准化规定。

第十章

世界著名服装设计师

20世纪以来，服装所表现出的最显著的特征就是：服装成为流行生活的重要组成部分，成为人们日常生活时尚中最有代表性也是最重要的部分。法国服装工业协调委员会主席阿兰·沙尔法蒂有两句名言："法国服装之所以具有世界性，不是因为它体现了法兰西文化，而是因为它凝聚了世界文化，我们的传统是自由。"正因为如此，法国的巴黎成为今天令世界瞩目的时装中心，这里先后成就了一大批著名的时装设计大师。他们的时装创作之路和成功之路，不仅显示出高超的文化艺术鉴赏力和稳定而不断发展的技术风格，而且代表着独一无二的创新精神。他们是20世纪服装艺术的顶峰，标志着服装技艺的最高水准，值得我们认真地研究。

图10-1　被称为"现代时装之父"的英国设计师沃斯。

一、沃斯(Charics Frederick Worth 1825～1895年)

有人说法国宫廷贵族是时装的先驱，而使巴黎登上"高级时装"领袖地位的却是一位英国时装设计师查理·福雷德里克·沃斯，他开创了服装史上光辉的"沃斯年代"，对现代时装做出了杰出贡献。1825年，沃斯出生在英国林肯郡的律师家庭。12岁时，便在当地的棉布商店做学徒，后来到了伦敦，在一家小棉布店谋生。20岁时迁居巴黎，在迈森·盖林时装店工作，出售纺织品、披肩、斗篷等服饰商品，并自学女装设计。很快，他的服装在巴黎产生广泛影响，受到当时法国女装的倡导者——法国王后尤金妮的赞扬，请他担任宫廷女装的设计师和裁缝师。沃斯成为19世纪末巴黎女装乃至世界女装杰出的设计师，并获得了"近代巴黎女装之父"、"巴黎时装大王"的美称。

1858年，30岁的沃斯在巴黎拉佩街独资开设了"高级时装物"，以设计和手工制作新颖、优雅的女装而享誉世界，成为法国高级时装业的始祖。沃斯对时装的贡献，主要在女装的设

图 10-2

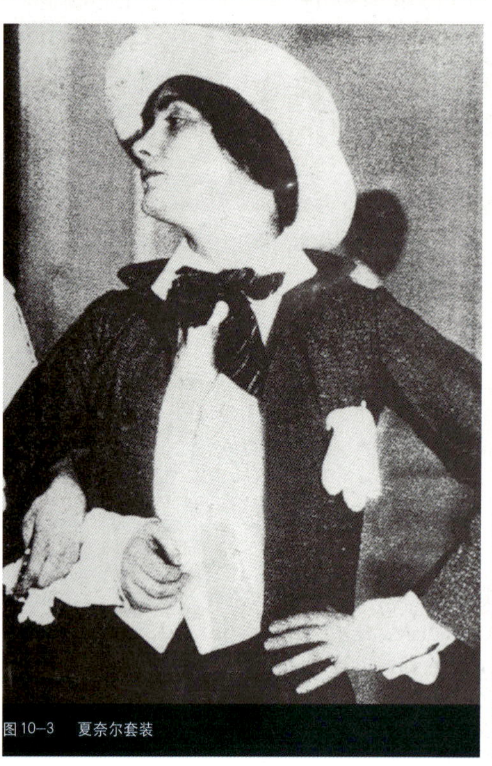
图 10-3　夏奈尔套装

图 10-4

计上冲破了传统的紧身胸衣和笨拙、累赘的"母鸡笼"式的女裙，改进为用衬架支撑的女裙。他集中了许多技艺娴熟而有丰富经验的裁缝师专门从事女装制作，用雪纺绸、锦缎，柔软的罗缎、皱绸、蚕丝绸作为女装的面料，他对服饰的细节，如缎带、花边、腰带、穗带、纽扣等也是精心设计，迎合了宫廷贵妇们对华丽风格的渴望。沃斯还开创了以时装模特儿做表演来展示时装的先河，沃斯的妻子玛丽亚（法国人）穿着沃斯设计的时装在街头亲自表演，成为世界服装史上第一位时装模特儿，并在英国聘请了许多年轻美貌的女郎，穿着他设计的女装，在商店里展示给顾客观看、欣赏。在他的努力下，1868年成立了"巴黎时装企业联合会"，开创了"大蓬车式的沙龙"，即流动女装商店，把流行带给了黎民百姓。沃斯不愧是服装史上第一个专业的女装设计家，也不愧是一个民间的女装企业家。

二、夏奈尔(Cabrielle Chanel)

夏奈尔(Gabriell Chanel)出生在法国农村。早在第一次世界大战期间，她在杜维尔利开设了一家女装商店，她借鉴海员的上衣和男子的羊毛线套衫作成新式女装的风格，终于取得了成功，1920年便登上了时装设计家的领袖地位。她设计的简练的对襟毛线上衣流传极广。1935年自己开设了一家工厂生产。她所设计的女装与其说是时髦，不如说是更多地适应于生活。她喜欢沉着的色彩，主要是灰色和米色；当然有时也用对比强烈的色彩。她喜欢简练的样式，扬弃了第一次世界大战前那种复杂繁琐的华美长裙和满缀假珠宝的外罩长袍，而选用高级时装设计家不屑一顾的平纹针织衣料，设计了一套定名为"夏奈尔套装(Chanel-suit)"风格的时装。这款套装是由无领外套、上衫和短裙组成的，主题思想表现了一个"穷女郎"，实际上却是优雅的风格。她在当时敢于冲破传统，解

图10-5

图10-6　夏奈尔

除长裙对女性的束缚，塑造现代职业女性的新形象，这一创举对现代女装的形成起着不可估量的历史作用。夏奈尔说："我设计的女装，要使妇女们愉快地生活、呼吸，自由、舒适，看来年轻。"她指出了近代女装的设计方向——实用、简练、朴素、活泼而年轻。此外对材料的综合运用，她提出应根据不同使用功能来选用不同的材料。面料上更加考虑肌理的变化。针织材料成为她重视的面料，随意合体。其服装艺术的鉴赏趣味和美学思想，得到了公众的赞扬和时代的承认。她倡导了百褶裙、三角形围巾，又创造了结实的小玻璃珠项链和人造珍珠项链。在夏奈尔风格影响下，服装日渐紧凑短小，一些服饰品诸如手套、鞋袜也显得重要起来。"夏奈尔套装"作为一项革新的设计，至今流行不衰，成为传统的古典式样。

三、迪奥(Christian Dior)

被誉为20世纪最伟大的女装设计师之一的克里斯汀·迪奥，1905年生于法国诺曼底。33岁时才涉足时装设计，与夏奈尔相比，可以说是大器晚成的设计师了。1946年底，他在棉花大王马露塞罗·布沙古的帮助下，开创了第一家"迪奥时装店"。1947年崭露头角，推出了被称为"新外观"(New Look)的时装款式，轰动欧美，标志着服装纯粹性这一设计思想的全面形成。它主要表现在三个方面：一是服装首先是为了能更好地生活而设计的，它的美必须建立在实用的基础之上；二是服装通过人的穿着才形成它的形态，服装是以人体为基准的立体物，是以人体为基准的空间造型；三是服装随人体活动而活动，是具有时间变化的时间造型。这些特点在迪奥服装设计中都得以充分的表现，特别是"新外观"女装上那种建立在人体结构上的空间美感，是任何其他流派所无法达到的。它对后来的服装设计大师皮尔·卡丹创造的"宇宙服"，以及奎因特女士设计的风靡世界的超短裙都产生了很大影响。由于"新外观"的巨大成功，使迪奥在战后10年的服装设计生涯中，一直发挥着领导世界时装潮流的作用。

图 10-7 迪奥的" NEWLOOK"

图 10-8 迪奥 1954

图 10-9 迪奥 1955

图 10-10

图 10-11

图 10-12 黑灰相间波浪形凹凸面花纹真丝套装。

四、巴伦夏加 (Cristobal Balenciaga)

克里斯托勃·巴伦夏加(1895～1972年)，1895年出生于西班牙圣沙巴逊城的奎特莱。1937～1968年间以他在巴黎时装店的成就而闻名于世。他在1947年推出的南瓜袖，1955年的茧形大衣和气球式裙子，1957年推出的直筒衬裙式服装等确立了他成为一流设计大师的地位。巴伦夏加像其他的西班牙艺术家一样，具有非凡的艺术天赋，当时的《妇女时装日报》这样评价他："在一定时期巴伦夏加统治着时装世界，就像毕加索统治着艺术界一样。"

他非常注重人体与衣服之间能否保证穿着的舒适，使这种合理的空间无论在行走或穿脱中都要方便，他最大的成功就是在服装与人之间、现实与抽象之间给人和谐的舒适感。

巴伦夏加以全部的身心来研究他为之探索的"简单明了"的实质。他设计的外套是极富盛名的，他运用简洁的剪裁，具有诱人的面料质感和朴素的色调，代表了一种纯粹和果断的时装大师品格。在时装的历史中没有一个设计师像巴伦夏加那样，创立了如此之多的"服装标志"，把"女性之肩"、"袖裆技术"、"和式翻领"、"镂空的金属扣"等都融入了他的"巴伦格式"的经典设计中，使我们从他的技术中获得无尽的艺术享受。在他一生传奇的职业中始终保持着时装界最高的裁缝技术，被誉为"裁缝中的裁缝"。技术的严

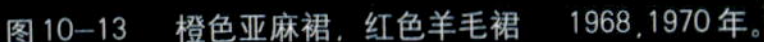

图10－13　橙色亚麻裙，红色羊毛裙　1968，1970年。

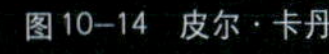

图10－14　皮尔·卡丹

图10－15　皮尔·卡丹

谨而纯朴的作风是巴伦夏加一惯的职业态度，是与他偏爱那些能保型的面料有直接关系，如晚装用的丝织品、外套用的羊毛混纺织物以及日常装用的灯心绒等，并通过这些织物的特点来强调所设计的外形。巴伦夏加设计的种类十分广泛，包括套装、外套、斗篷、衬衫、短上衣、礼服等。在众多著名的设计师中，注意肩、研究肩的只有巴伦夏加。在他看来，服装艺术可以无“身”，但不可以无“肩”。他设计的披肩常带有浓郁的西班牙风格，使民族的世俗文化得到升华。他的作品归纳着古典和时尚，吸收了东方含蓄内在的艺术品质。日本的和服对巴伦夏加影响很大，这是因为和服的精华突出地表现了结构的简洁和集约精神。当巴伦夏加于1968年关闭他时装店后，他东方式的品位仍始终影响着时装界。

五、皮尔·卡丹(Pierre Cardin)

1922年，皮尔·卡丹生于意大利的威尼斯的郊外，幼时随父母到法国。他14岁开始学习缝纫。1939年，皮尔·卡丹来到巴黎发展，先后在帕奎图、斯查帕等服装店工作。1946年，他应聘到迪奥服装公司就职，在此期间设计出许多很有影响的新款时装。1949年，皮尔·卡丹建立了自己的服装店，主要设计戏剧装、面具和各种女装，受到许多上层社会女士的欢迎。20世纪60年代后，他的事业蒸蒸日上，并将业务拓展到世界各地，获得了商业和艺术的双重成功，其中前卫派的代表性作品有“超时代宇航服”、“小妖精服”、“军装型”等。他曾三次荣获“金顶针奖”。

皮尔·卡丹品牌的崛起在于把为贵族服务的服装转移到为普通消费者设计流行服装上。他的设计比较前卫，风格多变，大胆的构思和敏锐的思想使他的作品能够把握人们的心态，领导时尚潮流，特别是他的男装成衣无论是对其他的男装设计师还是对成衣业本身都产生了重要影响。他认为材料的改进和创造性的把握，才是时装设计的关键。因此，他的作品善于利用面料特性来渲染款式和色彩，其前卫派风格也与此有关。皮尔·卡丹有着非常娴熟的裁剪缝纫技术，他可以不使用剪刀，而采用各种方法把整块的衣料构成服装，被誉为“衣料的魔术师”。他最有特色的设计细节是在于打褶，几何图形的剪裁和缝嵌、缝花边及花瓣式的衣领。他采用的饰品新奇独特，如金属做的戒指、特大号的纽扣、纯手工制作的花等。在他看来，先锋派不是放弃技术，而是创造技术。

皮尔·卡丹不仅在服饰方面做出了杰出贡献，他在其他领域的设计包括交通工具、通讯器材、环境设计、食品饮料等同样取得了非凡的业绩。据目前统计显示，皮尔·卡丹在93个国家共申请了506项专利。

图 10-16

图 10-17

图 10-18

图 10-19a 瓦伦蒂诺的设计

图 10-19b 瓦伦蒂诺 2000

六、瓦伦蒂诺(Valentino Garavani)

瓦伦蒂诺·加拉瓦尼是意大利时装设计三杰之一，1932 年出生于意大利北部的佛杰拉城，中学毕业后到米兰学习服装设计。17 岁时，他来到巴黎发展，在巴黎高级时装雇工联合会的学校学习，两年后他成为时装设计大师让·德塞的助手。1956 年起，瓦伦蒂诺又同

图10-20　圣·洛朗像

图10-21

图10-22　黑色真丝缎，白色缎子翻领套装　1986

著名时装设计大师盖·拉罗修合作，逐步形成了自己的设计风格。1959年回到意大利，在罗马开设了自己的时装店，专为世界各地的名人服务，从此声名鹊起。1969年，他荣获了时装界的“奥斯卡金像奖”——耐曼·马尔克斯奖，并很快成立了自己的公司，经营范围扩大到高级女装、男装、便装、童装、浴衣、泳装、头巾、领带、首饰、化妆品等。“瓦伦蒂诺服装”遍布世界各大都市，成为世界著名的时装品牌。

瓦伦蒂诺具有高雅的审美观和精益求精的严谨作风。他的作品既有法国时装的创意与浪漫气息，又有意大利时装简洁务实的特色；既有20世纪30年代初产生的典型意大利时装风格，又有现代感强烈的剪裁与细节处理，新与旧完美地融合在一起。随着近几年东方文化的兴起，他的作品也注入了浓郁的东方气息，着重突出了女性优雅、高贵的气质，因而倍受青睐。

媒体评价他的服装“前所未有地女性化，充满人性和细致”。如今，瓦伦蒂诺作为意大利时装设计师已雄居世界八大时装设计师之首。

七、伊夫·圣·洛朗(Yves Saint Laurent)

伊夫·圣·洛朗，1936年生于阿尔及利亚的奥伦布市，17岁时赴巴黎学习服装设计，1958年以他的第一个时装集而轰动遐迩，从1959年开始从事舞台戏剧服装的设计，后又开始参加电影服装的设计。他曾任迪奥公司首席设计师，在迪奥去世后接任巴黎迪奥时装公司的经理职务。1962年他在巴黎开设了自己的时装公司。此后他的设计传遍全球。

圣·洛朗是今天世界时装界声名显赫的人物，他的品牌已成为经典设计的象征。他设计的服装以超脱世俗的独特构思而著称于世。他擅长设计衫裤相连的衣服、女裤、女上衣和衬衫，这些是他作品中永恒的主题。1966年他打破了旧的设计陈规，把波普艺术运用到时装上，创造性地设计了“解放式”的青年装。圣·洛朗认为衣服穿上就应该轻松舒服，尽管人们误认为他的作品外观简单，但在改变款式上既有每一个结构上的创新，又有剪裁上的革新。他设计的范围很广，20世纪60年代末他成功地设计了电影、戏剧服装，以及各种成衣样式。他的作品具有动人的时代感，常常从野兽派的马蒂斯、立体派的毕加索、抽象派的蒙特里安等绘画语言中吸收其精华而巧妙得体地在服式中挥洒自如。他充满活力的含蓄的手法，执著地在简洁与华丽、具象与抽象之中追求着。有的作品一般而非凡，跳出了人们想象的常规，造型极其夸张，个性被表现得淋漓尽致；有的作品常理之中寓于戏剧，有着强烈的舞台效果。圣·洛朗对色彩的运用巧妙高明，他用明亮的色彩与黑色相互辉映，创造出的斑斓的玻璃风格驰名世界。当"中国热"席卷欧美时，圣·洛朗的"中国"主题系列于1977年问世，这一组受中国满清服饰及建筑特点启示而创作的系列服装，线条稚拙、色彩浓郁，对大部分欧洲人来说，朦胧而神秘的东方大国的形象被再现在巴黎时装舞台上，表现出引人入胜的魅力。他设计的服装有着艺术品式的完美，具有很强的整体感，巧妙地组合各种装饰物，腰带、项链、帽子、拎包、手镯等都成为服饰的不可缺少的组成部分。除设计时装外，他还自配自制香水、化妆品和美容用品。由于他的非凡业绩，被誉为当今时装界"五星级"设计大师。1985年法国总统授予圣·洛朗荣誉军团骑士级勋章。

八、森英惠（Hanae Mori）

森英惠1926年生于日本岛根县。早期在东京女子大学专修文学，因其丈夫从事纺织业，婚后不久，森英惠便开始学习服装设计，并由此走上了专业设计的道路，1951年森英惠在东京新宿开设了第一家时装店，并逐步扩展到了东京银座及日本各地。其间森英惠与日本著名导演合作，为200多部电影设计服装，因此，电影成为展示其服装的重要窗口。明星在电影中的服饰则是极佳的流行宣传，设计师为明星增添了无穷的魅力，而明星也是服装的最好模特。电影成为最有号召力的T型台，将森英惠含蓄妥帖的设计风格完美地展现出来。这使森英惠名声大噪，为她的服装事业打下了良好基础。

1965年，森英惠到纽约举办了她的个人服装设计展示会。被媒体称为"东方与西方的汇合"。1975年她在时装流行之都的巴黎举办的

图10-23　森英惠

图10-24

图10-25　森英惠

图10-26　森英惠

个人展示会大获成功。1977年，森英惠成为法国高级时装协会中唯一的日本成员，从此，她设计的蝴蝶美钻、舞花洋伞、飘逸的晚礼服成为巴黎时装界一道靓丽的风景线。

作为设计师，把质地优美的面料与适体的裁剪结合起来是森英惠的基本手法。她所用的面料讲究手感丰富、印花鲜艳，色彩饱和度高，具有女性化的、华贵的气质。

森英惠的作品具有浓郁的日本本土文化特点，超长礼服上的和服袖子、曳地裙裾上的水彩插画，雪纺披纱上的挥洒书法，这都来自东方。正如她自己所说："每一个国家独特的传统和文化都是宝贵的财富，各自寻根，提取精华，都将成为绝好的作品。"

素有"时装界的蝴蝶夫人"之称的森英惠在设计作品中将蝴蝶作为永恒不变的象征主题，仿佛是森英惠服饰设计中的灵魂，将人们带入一个美轮美奂的世界。她多次访问中国，并于1990年在北京开创了中日合资企业——华蝶时装有限公司。华蝶似乎蕴含着更多的中国元素，中山装领子、精致的盘扣、细长的开衩、传统的织锦纹样，重叠交错，含蓄中传递出东方的主题。森英惠的可贵之处在于她能在东西方文化的缝隙中游刃有余，并将这两种文化的不同特质巧妙地结合，使她塑造了具有双重美感的服饰特征：传统与现代、东方与西方。

九、三宅一生(Lssey Miyake)

1938年，三宅一生出生于日本广岛。20世纪60年代初，三宅从日本的多摩美术大学设计系毕业后，抱着从事服装事业的志愿赴欧美学习深造。1965年在巴黎高级时装设计师协会所属的服装设计学校毕业后，他先后担任著名服装设计师拉·罗修和基梵希的助理设计师，学到了许多高级时装设计、工艺制作的复杂多变的技巧，了解和掌握了巴黎时装的秘诀。1969年他来到美国，研究成衣服装的设计；第二年回日本，在东京开办了"三宅时装设计所"。1971年在美国纽约首次举办个人时装发布会，获得巨大成功。1973年他在巴黎举办了高级成衣发布会。1977年三宅获"1976年全日设计奖"，1983年获美国时装设计协会奖。

三宅一生虽然在巴黎学习过，并在学习期

图10-27

图10-29

图10-31

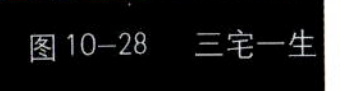

图10-28　三宅一生

图10-30　三宅一生

间深谙西式服装造型之奥妙，但却未被其“同化”，他还是试图以本民族的着装方式和技术来打破这种传统，探寻服装的最大表现力。如改变服装对形体的束缚，否定原来的服装趋向，赋予服装以自由的形式，创造具有东方精神的时代新风格。他受到日本美学下三种关键因素的影响——不规则性、不完美性和非对称性。三宅一生被人誉为是一位“打破了将高档时装看成时装旗手的成见，同时也打破了那种认为服装改变人的看法”的设计师。在制作西方服装时，布料是根据身体线条裁剪和缝纫的。服装的外形取决于身体，而这样产生的服装则成了身体的外壳。这样一来，二者之间的空间不复存在。就日本服装而言，尽量简化裁剪是一种主导技术，作为一种常量，布料的固定宽度十分重要。因此，三宅一生强调身体与布料之间关系的方式是将衣料一层层杂乱无章地堆在身体上：“这是对巴黎高档时装井井有条的结构的一种象征性的反抗。”他说：“我的服装是未完成的，当人穿着之后设计才真正完成。”这意味着他的设计不是僵死的，而是灵活多变的，是生命运动形式的本身。三宅一生对面料别具匠心的发掘和运用，注重对材料与科技、艺术思维与科学观念之间的有序结合和创造性的探索，并以此启迪人们对服饰美的无限境界的追求，这也正是他设计表达获得成功的重要因素。他认为任何一种面料都具有其各自的特性，要适合、尊重面料的特性，使面料与人物达成一种和谐关系——认识织物，与织物对话，同时，充分发掘已有面料的最大表现可能。他创造的金属丝、塑料片结构以及日本的漆器和竹编风格都是从日本的武士盔甲中获得灵感的。他还曾将稻草编织物，日本的绞缬染、起皱织物、纸和非织造布等用于时装，这些在传统的巴黎高级女装界是从未有过的。三宅一生特别注重面料与面料之间的肌理对比，利用肌理创造层次，区别不同效果，以达到表达感情之目的。他擅长于用线条雕塑空间，并藉此创造出具有立体感、充满想象空间的作品，在皱褶捏塑服装创作上做出了伟大贡献。三宅在工艺上突破东西方的界限，将平面裁剪与立体裁剪相结合；将西式工艺与日本和服中的缠绕、打结等方式相结合；在模特身上披挂、包裹、缠绕、翻模，法无定法，灵活运用，以及变幻别、褶的手法，追求造型的自由组合和内外空间的协调性，创出全新的三宅新工艺。他那夸张的造型、奇特的色彩、多变的材料、充满情趣的矛盾空间、新颖别致的穿着方式震撼着人们的心灵。美国画家劳生柏

图 10–32　戈尔捷

图 10–33　戈尔捷

格说："三宅是一个国际艺术家，是日本影响最大的艺术家，他支持着整个世界。"他的作品无疑是人类共有的财富。

十、让·保罗·戈尔捷(Jean Paul Gaultieer)

1953年，让·保罗·戈尔捷出生于法国一个中产阶级家庭，从小喜欢时装设计，15岁就出版了一本《高级时髦服装画法》。1971年，其才华受到了皮尔·卡丹的赏识，进入到他的时装店工作。之后他又为让·帕特公司工作了几年，攒足了资本、经验和实力后，很快成立了自己的时装公司。1976年，他推出了中性化的

图10-34　戈尔捷

女装系列：粗犷的超短皮茄克，配以芭蕾舞式的短裙，内衬长衫，左腰间系上层层绸布。这种嘲弄式的风格使人耳目一新，从此在服装界一鸣惊人，跃居为服装业的佼佼者。戈尔捷非常善于从蕴涵创造性的文化中吸取所需养料，然后与本身取之不尽的想象力组合。一段充满浪漫异国情调的印度之行，成为戈尔捷女装展的灵感之源。他对于款式别致的服装有一种近乎于唯美主义的倾向，这是尽人皆知的，特别是当他不经意中观察到粗斜纹棉布的优点以及与其相似的面料时更是如此。这种天然、朴素的原材料经常神秘地出现于他设计的短衣和连衣裙上。他的设计理念超乎常规，能体现出自身所拥有的聪明才智、人格魅力和与生俱来的生命活力。戈尔捷之所以享有盛誉，因为他使时装设计引起了革命性的变革。1978年，他根据詹姆斯·邦德(《007》的电视系列片中的人物)设计推出了邦女郎系列时装。为此，他多次举办了专题时装表演。他认为："时装表演至关重要，表演就像演戏，但能让观众透过服装的外表美看到并欣赏服装的内在美，这具有更加现实的意义。如果服装不具动感，那就失去了现实的意义。时装不是一般的艺术，而是具有动感的艺术，这门艺术反映了千姿百态的生活。"戈尔捷在时装设计中创下了奇迹，其影响远远超越了时装销售行业。他的技术更臻完善，可谓炉火纯青。1987年秋季，他荣获了法国最佳时装设计师的桂冠——奥斯卡奖，预示着戈尔捷时代的到来。

让·保罗·戈尔捷的设计受到电视、电影、时装、喜剧报刊的影响，具有一种反传统的幽默感，在怀旧中散发出时代的气息而独树一帜。他提出中性的新特点：男女可穿相同的服装而看起来仍然不失自己的特征。他的爱好多样，曾以摇滚舞星、通俗音乐学者以及工艺泰斗三项美名集于一身而闻名于世。

十一、克里斯汀·拉格鲁瓦(Christian Lacroix)

1951年，拉格鲁瓦出生在法国南部阳光城

图10-35

——阿尔勒斯，他的家庭混合了塞文山脉地区和普罗旺斯地区两地的古典的巴洛克风格。

从幼年时，他喜欢不停地绘画，通过自己的画，去追逐过去的服装、过去的风情，同时也形成了自己对服装的理解感悟。在他十几岁

的时候，他就喜欢动手制作戏剧、歌剧人物的小影集，那是用自己家人的肖像和克里斯蒂昂·贝纳尔的画粘贴而成的，从其中掌握了许多时装常识并对时装设计产生了浓厚的兴趣。后来他又爱上了戏剧，他对英国奥斯卡·王尔德、披头士乐队、巴塞罗那和威尼斯极为热爱。他在蒙彼利埃(Montpellier)大学获得艺术学位后(拉丁语、希腊语、艺术史、文学和电影)，于1973年来到了巴黎，就读于索邦大学和卢浮宫学校。为了成为一名博物馆馆员，他在卢浮宫专心研究17世纪的绘画和准备一篇关于17世纪服装的论文。在此期间，他遇到了他今后生活的伴侣弗朗索瓦兹(Francoise)，并确定了未来的发展方向——服装设计。

1978年，自由设计师让·亚克·皮卡尔先生介绍他去爱马仕公司(Hermes)工作，在那里他学到了服装专业技术知识。他先是做保兰(GuyPaulin)的助手，保兰指导他如何把怀旧的情感具体化，利用不同色彩的微妙变化、面料使用的多样化，同时兼具现代风格。到1980年，他已经能够与东京的Lmperial Court设计师携手合作了。之后的几年里，他加入到Jean Patou的工作室中，同时决定了向高级时装方向发展。在那个时期，高级时装被认为正在走向暮落，但随着时间的流逝，拉格鲁瓦通过色彩的运用和高级时装从未失去过的高贵奢侈，初露锋芒，使帕图公司摆脱了困境。拉格鲁瓦凭着这种不懈追求，于1986年发布了第一场高级时装展示，设计理念来源于法国南部。他设计的克里诺林裙为他赢得了“金顶针奖”。之后在1987年，纽约CFDA颁发给他一个奖项，使他赢得了“女装设计超级名星”的美称，成为最具影响力的国外设计师。

同年他在阿尔诺先生(世界著名品牌路易·维登和埃内西的总裁)的资助下，在巴黎郊区开设自己的服装公司，尽管从业较晚，但他在西方服装界的地位及声誉极为显要。

1988年，在以自己名字命名的时装展示会上，他设计的高级时装为时装界注入了新鲜的空气，并再度获“金顶针奖”。拉格鲁瓦一年两度的时装表演会常以话报剧的形式出现，服装由织布工、缝纫工、画家和绣花工等不同的艺术工匠来完成，使观众置身于现实和梦幻之中。

1989年，拉格鲁瓦推出了自己的服饰配件。1994年，他又推出了自己的休闲服装品牌，并与其他的服装相互补充，同时拥有自己的特点和个性。拉格鲁瓦的风格飘忽不定，充满幻想主义色彩，他在款式、色彩及面料上的特点也是因时而异的。拉格鲁瓦的设计理念，与幼时祖母的熏陶以及他对戏剧和文艺的爱好是分不开的。他既能从妇女解放的口号中，悟出女性在服装造型上渴望冲破世俗的道理，又能准

图10-36　拉格鲁瓦1999年

图10-37　拉格鲁瓦1988年

图10-38　拉格鲁尼1995年

图10-39　拉格鲁瓦1985年

图 10-40 维维安·韦斯特伍德

图 10-41

图 10-42

确地把握当代女性的审美趋向，这无疑是拉格鲁瓦成功秘诀的精髓。

十二、维维安·韦斯特伍德 (Vivienne Westwood)

维维安·韦斯特伍德于1941年生于英国一个小城镇。17岁时与家人迁居伦敦，曾求学于哈罗艺术学校，后来成为一名年轻的教师，并时常在街头售卖手饰。1960年末结识了马尔科姆·麦克拉伦，成为她人生的转折点，经其引见，踏入了时装界。

英国先锋时装设计师维维安·韦斯特伍德被称作是一位"惊世骇俗的时装艺术家"。在过去的35年中，她一直占据着英国时装界的中心位置。她与伊夫·圣洛朗、乔治·阿玛尼、艾玛纽尔·昂格鲁、卡尔·拉格费尔德以及克里斯汀·拉夸六人被并称为"真正闪耀的明星"。在这样一个瞬息万变、潮流激荡的时装界，极少有人能像她那样，以惊人的创造力，不断推陈出新，始终雄踞时尚的风头浪尖。维维安·韦斯特伍德于20世纪70年代开始了她极具个性的独创道路。20世纪80年代，随着朋克时代的终结，维斯特伍德也开始探索自己的设计风格。她从早期宽松的、无结构为特征的几何形式，逐渐转换到20世纪90年代着重于表现裁剪方式和技术的设计。在她的作品中，我们可以看到她对裁剪技巧的重大突破，这个过程向人们诠释了维特斯伍德对于服装裁剪史的个性化理解。"我的作品根植于英国的传统剪裁"，她说，并且还称之为"从实践中学习"。从20世纪70年代开始，她以拆解20世纪50年代"泰迪男孩"服饰为基础，进行自学。一种强烈的求知欲驱使她去弄清楚其中的每一个细节。那时的维斯特伍德经常会买回一些黑色的或者是条纹的T恤衫，在上面挖洞、撕扯、打结、翻卷，加上铁链、毛发、拉锁、橡皮乳头、大头钉、鸡骨头、印刷图形等元素，构成特立独行的"朋克时装"。她的想法也很直接："我的工作就是去对抗已经确立的东西，努力去发现自由在哪里，去发现我到底还能做些什么新东西。我所做的最引人注目的事情，就是通过性感T恤去表现这一观念。"她的创作使时装、性和政治相互碰撞，融为一体，使其成为当时英国社会中反叛一族最恰当的表述符号。"我流行的唯一原因就是破坏了'顺从'(conformity)这个词，除此以外，我对任何东西都不感兴趣。"

维斯特伍德意识到，时装的世界是一个不断被赋予新的内涵、不断被颠覆的世界，而这种颠覆，同时就是一个全新的开始。"当你回顾过去，你会看到行行色色的精彩场面，而事物总是不断被拆散、拼缀并重新形成全新的、更美好的事物。当你去模仿这些技巧时，属于你自己的技巧也在不知不觉中形成。"维斯特伍德的这种融合实践与创造的独特能力，对于形象的想象力，以及她的热情奔放的面料——苏格

图 10—43　约翰・加里亚诺。

图 10—44　2001 年流行的秋冬装，表现出女人的一种野性与奔放。

兰斜纹粗花呢、花格纹呢、条纹棉布以及真丝塔夫稠，最终形成了她极具动感的时装。维斯特伍德的设计形成了一种独特的英国风格，将敏锐的洞察传统与大胆的突破陈规结合到一起。这种风格常常被模仿，并且往往领先于她所处的时代。从早期的那些反叛服饰到现在这些华丽的、深具学院气息的时装，维斯特伍德有着无以反驳的信念："在我的设计当中，我真正信赖的唯一的东西，就是文化。"

十三、约翰・加利亚诺(John Galliano)

加利亚诺出生于直布罗陀的加利亚诺，母亲是西班牙人，父亲是意大利裔的英国籍人，6岁时随父母和两个姐妹移居伦敦。他的父亲是个安装工，手很巧，这使他从小就跟父亲学了不少手艺，练就了一双灵巧的手；而有艺术气息的母亲，使他从小就会在餐桌上跳弗拉明哥舞。20 岁时，他迷上了时装设计，并考上了伦敦著名的圣・马丁艺术学校。最初他梦想成为一名时装画画师，而他时装设计的才华日见端倪。1984 年他到英国时装名店Browns 工作。20世纪90年代初的巴黎时装界正渴望一种既融有传统又具有前卫创新的流行风格出现，加利亚诺正好顺应了这种企盼。1990 年，加利亚诺只身一人来到巴黎举行了首次个人服装展示会，立刻成为巴黎时装界一颗新星，并屡获大奖，成为新时代精神的代表。

加利亚诺本人的务实态度使他专心于某件优秀的作品，而不是沉湎于创新形象，因此他不是那种把设计弄得神秘莫测和远离现实的时装设计师。他的设计往往深受一些著名女性形象的影响。彬彬有礼、谦虚克己、博学多识是加利亚诺成为顶尖设计师的重要因素，传统的英国式教育又使他对时装的历史、演化都有深刻的认识。他的作品有很强的历史痕迹，喜欢采用编织的花边、织造的流苏或小饰件、高雅华贵的高跟鞋等。他对舞台演出服兴趣更浓，无论简洁朴实或繁复华丽，都要仔细研究一番。他经常到英国去寻找创作灵感，或到博物馆翻阅服装资料和研究服饰收藏品，他的许多作品的最初创意都是在这些平凡的地方汲取的。

加利亚诺 1 9 9 5 年应邀出任纪梵希(Givenchy)的总设计师，而1996 年10 月又被迪奥公司委以重任——创造未来Dior女性新形象。独到的制作工艺，面料选择大胆，裁剪独特，如：翻新斜裁法、螺旋式袖身、解构重组，他把"迪奥"推到了时尚的最高峰，使"迪奥"高级成衣注入了前所未有的青春和活力，使其华丽精美登峰造极。

现在，加利亚诺的名字已经不属于他自己，而是成为了迪奥公司的一部分，人们已经把他和"迪奥"紧紧联系在一起了。

图 10–45　加里亚诺

图 10–46

图 10–47　加里亚诺

图 10–48　加里亚诺

后 记

20多年来，服装设计在我国已得到迅速发展，开设服装设计的大专院校在不断增加，与之相应的服装文化理论和专业技法理论教材也日益增多，这无疑对提升服装设计的文化内涵和服装产业水平起到了积极的推动作用。

就本书所写的章节和专题而言，包括了基础理论部分和设计部分。由于国内各大院校服装设计的教学体系和教学方法上各有侧重，教材也有多种编写的角度。于此，作为概论，本书在这次再版修订时，面对服装业的快速发展和变化，在教材内容上侧重于对服装设计理论基础和设计的形式法则进行阐述，同时对服装设计教学的其他相关知识也进行了简要归纳和有序的整合。所做的努力未必如愿，如果书中存在种种不足或缺陷，是作者学力未达所致，殷切希望得到专家读者的批评指正。

本书在编写过程中得到了西南师范大学出版社领导和编辑王正端先生的热情支持，在此谨表示真诚的谢意！

余强

2008年6月于四川美术学院

主要参考文献：

周锡保著.中国古代服饰史.北京：中国戏剧出版社，1984
冯泽民等编.服装发展史教程.北京：中国纺织出版社，1998
邓福星著.艺术前的艺术.济南：山东文艺出版社，1987
朱培初编著.近代西洋服装艺术.北京：轻工业出版社，1985
伍典编著.新款时装画技法.万里书店出版，1985
板仓寿郎(日)著.李今由译.服饰美学.上海：上海人民出版社，1986
缪良云主编.中国衣经.上海：上海文化出版社，2000
布兰奇·佩尼(美)著.世界服装史.沈阳：辽宁科学技术出版社，1987
珍妮弗·克雷克(美)著.时装的面貌.北京：中央编译出版社，2000
李砚祖著.工艺美术概论.吉林：吉林出版社，1991
包铭新主编.时装赏析.上海：上海科学技术出版社，1991
饭塚弘子(日)著.李祖旺等译.服装设计学概论.北京：中国轻工业出版社，2002
杨越千著.时装流行的奥秘.北京：中国社会科学出版社，1992
徐青青编著.服装设计构成.北京：中国轻工业出版社，2001
刘瑞璞编著世界服装大师代表作及制作精华.南昌：江西科学技术出版社，1998
袁仄主编.世界时装名师集系列.北京：中国纺织出版社，2001
刘元风　胡月主编.服装艺术设计.北京：中国纺织出版社，2006
李宏伟译.服装社会心理学.北京：中国纺织出版社，2000
《COLLEZIONI》